DAS TROLLEYBUS-SYSTEM

EIN NEUZEITLICHES VERKEHRSMITTEL

VON

L. BETZ

MIT 96 ABBILDUNGEN
IM TEXT UND AUF TAFELN

1930

M. KRAYN, TECHNISCHER VERLAG G.M.B.H., BERLIN

Inhaltsverzeichnis.

Vorwort.

Trotzdem das Trolleybussystem im Auslande in den letzten Jahren einen sehr starken Aufschwung genommen, trotzdem die Zeitschriften-Literatur über das System im Auslande sehr stark angeschwollen ist, trotzdem an seiner Popularisierung gerade in Fachkreisen manches versucht wurde, ist es in Deutschland im allgemeinen noch fast unbekannt geblieben. Und was über das System bekannt ist, ist meist entstellt und beruht zum wesentlichen Teil auf ungenügenden Kenntnissen und Informationen. Gute deutsche fachliche Ausführungen haben dagegen die Beachtung nicht gefunden, die sie verdient hätten.

Nur so ist es zu verstehen, daß in der Presse immer wieder irrtümliche Ausführungen erneut auftauchen. Um hier gründlich Klarheit zu bringen, war das vorliegende kleine Buch nötig, das, sich streng an die vorliegenden reichen Ergebnisse haltend, die Materie zusammenfassend in allen Teilen behandelt. Um einen Einblick in die Anfänge des Trolleybussystems, die fast ausschließlich in Deutschland liegen, zu bieten, waren ziemlich ausführliche Aufhellungen der Vergangenheit nötig. Hier hat mir der deutsche Pionier des Trolleybusbetriebes, Max Schiemann in Wurzen, in großzügiger Weise die Benutzung seiner Vorarbeiten gestattet, wofür ich ihm auch an dieser Stelle danke.

Den gleichen Dank bin ich auch den englischen Fabriken schuldig, die mir zum größten Teile in freimütiger Weise umfassende Unterlagen lieferten und meine Arbeiten förderten.

Weiter gebührt mein Dank den deutschen Firmen Faunwerke G. m. b. H. in Nürnberg und Hansa-Lloydwerke A.-G. Bremen, die mich über ihre Pläne und Absichten hinsichtlich des Baues deutscher Trolleybusse weit eingehender informierten, als es in der kleinen Schrift zum Ausdruck kommen konnte.

Möge nun das kleine Buch dem Trolleybus in Deutschland mit den Weg bahnen.

Ascona (Lago Maggiore), Ende März 1930.

Betz.

I. Allgemeines.

Einem oberflächlichen Betrachter der Dinge wird es ein Rätsel bleiben, warum der Trolleybusbetrieb, — die gleislose Oberleitungsbahn —, obgleich er eine deutsche Erfindung ist, nach ganz guten Anfängen in Deutschland vor dem Kriege, nach und nach zu einer Art Versickerung kam, von der seine Anwendung sich auch nach dem Kriege gar nicht erholen will. Dagegen hat er im Auslande, wo er fast ausschließlich auf deutsche Veranlassung vor dem Kriege eingeführt und ausgebildet wurde, vom Jahre 1922 an einen ununterbrochenen Triumphzug erlebt und ist in seiner Adoptivheimat England in einer Entwicklung begriffen, deren Ende und deren Auswirkungen noch gar nicht abzusehen sind. Und von England aus breitet er sich unaufhaltsam nach dessen Kolonien, aber auch nach Skandinavien, nach Holland und Frankreich, Italien usw. aus, und regt besonders in Frankreich zu neuen Ausgestaltungen und Konstruktionen an.

Seine Entwicklung in Nordamerika haben wir viel zu wenig verfolgt. Die zahlreichen Studien- und „Studien"-Kommissionen, die deutscherseits die Vereinigten Staaten zu allen erdenklichen städtebaulichen und automobilistischen Untersuchungen bereisten, haben ihn fast gar nicht bemerkt! Und doch hat er gerade dort eigentlich von Vorkriegszeiten her den stetigsten Anstieg erfahren, da der Krieg ihn dort nicht so wesentlich in seiner Entwicklung aufhalten konnte, wie in Europa.

Es ist höchst eigenartig, daß wir Deutsche auch von den englischen Entwicklungen in den Jahren 1920 u. f. lange Zeit so wenig bemerkt haben. Erst als er da war, vollendet da war, ausprobiert und bewährt, da sahen wir ihn mit erstaunten Augen. Einem großen Teil der deutschen Behörden sind aber die Augen heute noch nicht aufgegangen. An vielen Stellen, leider gerade an maßgebenden, weiß man nichts oder nur Fragwürdiges von ihm, tut ihn mit ein paar armen Worten ab, die seine Vorkriegsmißerfolge beleuchten und gibt damit etwas preis, was höchste Beachtung gerade in einem wirtschaftlich so armen Lande wie Deutschland verdient.

Um seine vorzügliche englische Ausbildung (und sie allein und gar keine andere, außer einem neuen deutschen Anlauf, kann wirtschaftlich und technisch, also auch konstruktiv für unsere Verhältnisse als Muster dienen) genau zu zeigen, um nicht nur zur Entwicklung von Trolleylinien, zur Umwandlung mancher Straßenbahnanlagen in solche, sondern auch zum Bau von Trolleybussen kräftig anzuregen, wurde dieses Buch geschrieben als Ergebnis einer mehrjährigen ernsten Beschäftigung mit der interessanten und aussichtsreichen Sache. Nach einer kurzen Untersuchung über die Ursachen der Vorkriegsmißerfolge in Deutschland (und einem Teil des Auslandes) wird es einen Abriß der Vorkriegsentwicklung bringen, um das damals Geleistete zu zeigen. Von einer Anzahl ausländischer Konstruktionen gibt das Kapitel Entwicklung auch gleich die neuen Fahrzeuge in Nachkriegsbauart. Dann folgt eine ausführliche Schilderung des wichtigsten, also des englischen Materials in allen seinen Teilen und gleichzeitig der neuesten deutschen Fahrzeuge. Den Schluß bildet eine Untersuchung über die Wirtschaftlichkeit und die Einführungsmöglichkeiten in Deutschland.

Warum versagte nun der Trolleybetrieb vor dem Kriege? Heute ist diese Frage zu lösen! Der Trolleybusbetrieb war ein Pechvogel! Er kam zu spät und zu früh, ein verhängnisvolles Zusammentreffen, — ein scheinbarer Widerspruch, der sich aber gleich lösen wird.

Der Trolleybusbetrieb entstand in seinen Anfängen zur Zeit, als die elektrische Straßenbahn ihren Siegeszug antrat. Elektrizitätsgesellschaften und Bahngründungen schossen wie Pilze aus der Erde. „Keine Stadt ohne Straßenbahn" war die Parole. Wo alles hinströmte zur Einrichtung von Straßenbahnlinien (und welche Menge Geld ist für ganz aussichtslose verpulvert worden), war natürlich für eine so neue und noch so ganz in den Kinderschuhen steckende Sache wie den Trolleybetrieb kein Raum und kein Interesse. Die Wagen sahen so nach Pferdebahn und Pferdeomnibus aus! Und von denen wollte man ja gerade los! Und das Automobil, vor allem der Automobil-Omnibus, steckten noch in ähnlichen Kinderschuhen wie der Trolleybus. Hinsichtlich einer Konkurrenz mit der elektrischen Straßenbahn in Städten kam also damals der Trolleybus zu spät, obgleich nicht verkannt werden soll, daß er anderseits überhaupt erst möglich wurde, als ein elektrischer Bahnbetrieb ausgebildet war.

So kam nun auch die erste Urheberin des Trolleybetriebes, Siemens & Halske, auf seine Erprobung im Vorort-, oder im Überlandbetriebe. Man hatte schon damals erkannt, daß der Oberbau und die Geleisanlage der elektrischen Straßenbahn so hohe Summen erforderten, daß die Anlage von Vorort- oder Überlandlinien meist unrentabel wurde, weil die geringen Verkehrserträge solcher Strecken Zinsen und Amortisation nicht aufbringen konnten, deren Anlagekapital zu hoch war. Der Wegfall der Geleisanlage, der geringe Oberbaupreis waren für die Einrichtung geleisloser elektrischer Bahnen verlockend. Man dachte an einen einfachen Omnibusverkehr auf den damaligen Vorort- und Landstraßen und hier kam nun der Trolleybus in zweifacher Hinsicht viel zu früh.

Damals lag der Straßenbau noch sehr im Argen. Er war kaum für einen Pferdebetrieb, aber niemals für einen Autobetrieb, noch dazu einen Omnibusbetrieb, eingerichtet, wie es ja der Trolleybusbetrieb letzten Endes ist. Was der Straßenzustand an den Wagen nun nur sündigen konnte, das verstärkte der rückständige Bau der Wagen selbst und die noch unvollkommene maschinelle Anlage derselben ins Unendliche. Die Wagen waren nichts weiter als entweder gering umgemodelte Pferdeomnibusse oder verschwächte Straßenbahnwagen. Man denke nur an die anfängliche Drehschemellenkung, die Eisenbereifung der Räder, die lange Zeit fragwürdige Motoraufhängung usw. Die einen zu leicht, die anderen zu schwer. Beide nun, behaftet mit allen Mängeln der damaligen Bauweisen, wurden losgelassen auf unmögliche Straßen, die ihnen auf unglaubliche Weise zusetzten. Und es muß höchste Verwunderung erregen und ist für die Langlebigkeit der Trolleybusse überhaupt und ihre Geeignetheit für den Überlandverkehr von höchster Beachtung, daß sie doch noch das geleistet haben, was damals erreicht worden ist. Wenn man die Lebensdauer der damaligen Fahrzeuge relativ der damaligen Verhältnisse betrachtet, muß sich für jeden Einsichtigen und Willigen ein Wort der Anerkennung ergeben.

Dazu kam noch ein wichtiges Drittes:

Im allgemeinen war der Trolleybetrieb durch das Vorherrschen der elektrischen Bahn damals auf eine ausgesuchte Zahl wirklich nicht rentierender Linien festgelegt, denn eine andere als eine höchst fragwürdige Linie ging auf den zweifelhaften Trolleybusbetrieb überhaupt nicht ein.

Als nun die ersten Schwierigkeiten auftraten, und gar erst als der Krieg, der große Zerstörer auch von Deutschlands Verkehr, mit seinen tausend Einflüssen und Schäden kam, da erlagen die paar Trolleylinien nach und nach. Sie erlagen zwar im Prinzip nicht anders als eine ganze Anzahl elektrischer Straßenbahnen, erlagen genau so, wie eine ganze Anzahl minder und gar nicht rentierender Eisenbahnlinien erlegen wären, wenn der Staatsbetrieb der Eisenbahn sie nicht aus Erträgen anderer ertragreicher Linien mit durchgeschleppt hätte.

Die städtischen Straßenbahnen mußten (soweit sie nicht ganz und gar lebensunmöglich waren oder sich durch veränderte Verkehrsrichtung als unbrauchbar erwiesen) eben von den Städten durchgeschleppt werden, werden z. T. heute noch künstlich über Wasser gehalten. Wenn einige Straßenbahnen dann so ohne weiteres zum Benzin-Omnibus übergegangen sind, so ist diese Tatsache erfreulich im Interesse des letzteren, gewiß des neuzeitlicheren Verkehrsmittels, als die Straßenbahn. Im Interesse der Wirtschaft ist der Übergang, solange man nicht den Trolleybus in Konkurrenz gezogen hat, zu bedauern. Warum, das wird sich im Gange der folgenden Untersuchungen, besonders in den letzten Zusammenfassungen, überzeugend ergeben.

So war das Schicksal des Trolleybusses in Deutschland an sich eine unverdiente Katastrophe, die aber kurz vor einer Wendung entscheidender Art steht. Diesmal kommt der Trolleybus als Sieger zu uns, zeitgemäß und konstruktiv vollendet, als ein höchst wirtschaftliches, langlebiges Fahrzeug mit höchst beachtlichen anderen Eigenschaften, sowohl für den Stadt- als den Überlandverkehr.

An uns liegt es nun und an uns allein, uns seiner Vorteile in der richtigen, aber in der rationellsten Weise zu bedienen.

Kommt er jetzt auch aus England, so ist er doch letzten Endes eine deutsche Erfindung. Und jetzt kommt er ja auf weitem Umwege zu uns, also weit her: eine Eigenschaft, die ihn für Deutsche immer wertvoller erscheinen läßt. Es ist höchst beachtlich, daß gerade die Aboag, Berlin, in diesem Frühjahr Versuche mit einigen Trolleybuslinien anstellen wird. Bei dem engen Zusammenarbeiten der Aboag mit der großen Londoner Omnibusgesellschaft General ist sicher anzunehmen, daß die Direktoren der Aboag durch die englischen Trolleybuserfolge angeregt worden sind.

II. Entwicklung der Fahrzeuge und Betriebsarten.

1. Aus der deutschen Entwicklung des Trolleybusbetriebes.

Die Firma Siemens & Halske, Berlin, ist das erste deutsche Werk, welches auf die Idee des Trolleybusbetriebs, also der geleislosen elektrischen Oberleitungsbahn, gekommen ist. Allerdings hat das Gefährt (anders kann man den Wagen, den Abb. 1 zeigt, nicht gut nennen) mit einem Omnibus verzweifelt wenig Ähnlichkeit.

Die Erbauerin betrachtete die am Spandauer Berg bei Berlin im Jahre 1882 errichtete Linie nur als einen Versuch, um zu erproben, ob ein schienenloser elektrischer Betrieb überhaupt durchzuführen sei. Damals hatte die elektrische Straßenbahn sich nach einigen tastenden Anläufen im Sturme das Feld erobert, obgleich sich auch damals sofort die Grenzen des Straßenbahn-Schienenbetriebes unzweifelhaft ergaben. Der Schienenweg

Abb. 1. Versuchswagen von Siemens & Halske 1882.

mit seinem mehr oder weniger komplizierten, kostspieligen Unter- und Oberbau ergab von vornherein eine Unrentabilität zahlreicher Betriebe (bedingt durch die hohen Baukosten), die doch gerade zur Erschließung und Entwicklung mancher Gegenden dringend erforderlich gewesen wären. So kam man von vornherein auf die Anwendung des geleislosen Betriebes in der Hauptsache beim Vorort- resp. beim Überlandverkehr für geringe Entfernungen. So gut diese Bestrebungen gemeint waren, sind sie letzten Endes (wie früher bereits dargelegt) der Hauptgrund für das fast völlige Versagen des Trolleybusbetriebes in Deutschland gewesen. Denn unter den damaligen Umständen wäre, wie die nachfolgenden Untersuchungen bald zeigen werden, die Entwicklung des geleislosen Betriebes in geeigneten S t ä d t e n das viel aussichtsvollere Mittel gewesen, den Trolleybusbetrieb in Deutschland zur Anerkennung und zur Blüte zu bringen. Das ist ja auch der Grund, warum im Auslande der Trolleybusbetrieb erst dann einen so starken Aufschwung genommen hat, als man ihn (allerdings auf Grund einer inzwischen völlig veränderten wagenkonstruktiven Grundlage) im Stadtverkehr entwickelte und dann erst auf geeignete Überlandstrecken hinüberleitete.

Immerhin verdienen die Versuche von Siemens & Halske höchste Beachtung. Als Fahrzeug wurde eine Art offener Jagdwagen benützt, dessen Vorderachse gelenkt war. Die Hinterachse wurde durch zwei unter dem Führersitz befindliche Elektromotoren mittels Gliederketten angetrieben. Die Stromzuführung (bestehend aus zwei Kupferdrähten) war an seitlich der Straße stehenden Holzmasten aufgehangen und von ihr wurde der Strom durch ein achträderiges Stromabnehmerwägelchen (mit schweren Gewichten gegen Kippen gesichert) abgenommen. Der Stromabnehmerwagen wurde mittels eines biegsamen Kabels vom Motorwagen n a c h gezogen und der Strom an einem in Wagenmitte stehenden senkrechten Masten weitergeleitet.

Der damals starke Aufschwung der Straßenbahn mit seinen Überlastungen der Firma Siemens & Halske unterbrach die Versuche. Erst 1900 brachten auf der Pariser Weltausstellung L o m - b a r d & G é r i n im Ausstellungspark einige Trolleybusse für den Fremdenverkehr heraus, welche Stromzuführung mit motorisch betriebenen Kontaktwagen (die dem Trolleybus auf der Stromzuleitung v o r a u s fuhren) hatten. Sie gaben zwar den Nachweis, daß ein schienenloser Betrieb mit seitlichem Ausweichen im Verkehr durchaus möglich war. Die Kontaktwagen-

Abb. 2. Trolleybussystem Lombard & Gérin. Fahrzeuge für Eberswalde.
Aus „Schiemann, Gleislose Bahnen“.

konstruktion hatte aber erhebliche Mängel. Dann wurde erst durch die Firma „Compagnie de traction par trolley automoteur“ in Paris (letzten Endes auf Grund der alten Idee von Siemens & Halske) eben durch ihre Konstrukteure Lombard und Gérin in

Abb. 3. Stromabnehmer-Wagen System Lombard & Gérin.
Aus „Schiemann, Gleislose Bahnen“.

Deutschland die erste Strecke: Eberswalde Bahnhof—Eberswalde Stadt im Jahre 1900 errichtet, die wiederum mit Kontaktwagen nach Abb. 2 versehen waren.

Der kleine Motor des Stromabnehmers erhält seinen Strom nicht direkt aus der Fahrleitung, sondern vom Wagenmotor, um einen Gleichlauf zwischen Stromabnehmerwagen und Fahrzeug zu erzielen, so daß der erste immer kurz v o r dem Fahrzeug läuft. Die weitere Konstruktion des Kontaktwagens interessiert heute nicht mehr. Die Leitungsfrage in der Stromzuführung zum Kontaktwagen und die komplizierte Ausbildung der Luftweichen

Abb. 4. Radnabenmotor Lohner-Porsche.

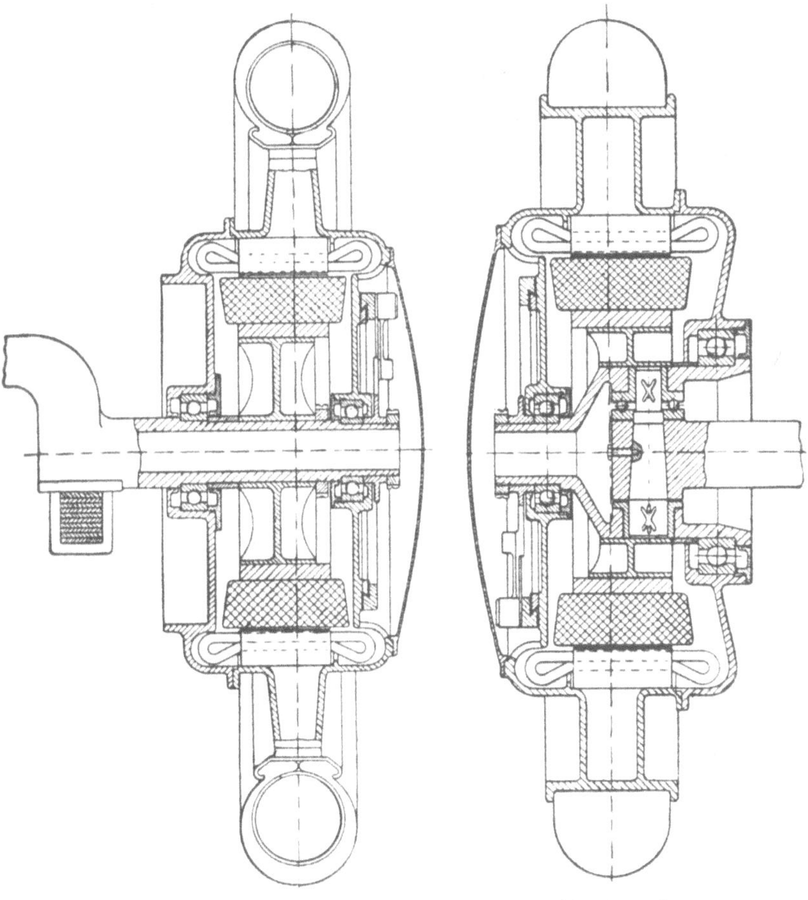

usw. waren die Hauptursachen aller auftretenden Schwierigkeiten. Die Stromabnehmer-Wagen zeigt Abb. 3.

Eine andere Firma, die sich dann mit dem Trolleybussystem beschäftigte, die Wagenbauanstalt S t o l l in Dresden, ging deshalb bei ihrem Stromabnehmer zur alten Idee Siemens & Halske zurück.

Diese Firma arbeitete dann zusammen mit der österreichischen Daimler-Gesellschaft, die von vornherein eine grundlegend andere Bauart des maschinellen Teiles der Fahrzeuge ausbildete. Sie hatte damals die von ihrem Konstrukteur Porsche dessen zusammen mit der Wiener Firma Lohner ausgebildete Radnabenmotorenkonstruktionen erworben und baute diese entweder als Vorderrad- oder Hinterradantriebe ein, wobei die Motoren zirka 20 PS leisteten. Sie ergeben einen einfachen, kupplungsfreien Antrieb unter Wegfall aller mechanischen Übertragungsmechanismen, erhöhen aber die Gewichte der nur reifengefederten Achsmassen. Die meiste Schwierigkeit bot in ihrer Konstruktion die Ausbildung der Anker, die ja im damaligen langsamen Betriebe mit sehr geringer Tourenzahl liefen und daher groß und schwer wurden. Die Motoren zeigt Abb. 4. Bei dem Motor für Vorderradantrieb ist das innere Kugellager viel größer als das äußere, um Raum für das Ausschwenken beim Lenken zu lassen. Aller Schwierigkeiten in dieser Hinsicht sind erst viel später die Faunwerke in Nürnberg Herr geworden, welche solche Radnabenmotoren in ihren benzin-elektrischen Fahrzeugen verwenden und sie auf eine hohe Stufe der Vollkommenheit gebracht haben.

Trotzdem ergaben die von den beiden Firmen zusammen erbauten Wagen ganz gute Resultate, wie zum Beispiel eine der ersten von ihnen errichteten geleislosen Bahnen in Judenburg in Steiermark Steigungen von 13 % auf 600 m Länge bei einer Höchststeigung von 16 % glatt überwand.

Das Fahrgestell von Daimler-Stoll zeigt Abb. 5, und zwar mit Hinterradantrieb durch Radnabenmotoren. Die Spannung beträgt 550 Volt. Es ist eine sehr sorgfältige Einkapselung der Motoren nötig, um diese vor von der Straße hochgespritzte Feuchtigkeit zu sichern, die Kurzschlüsse hervorrufen würde. Daimler-Stoll haben eine ganze Reihe von geleislosen Bahnen in Österreich und auch in Deutschland erbaut. Den eigenartigen Stromabnehmer zeigt Abb. 6. Dieser bestand aus einem mit vier Rollen versehenen Wägelchen, welches auf den beiden nebeneinander angeordneten Fahrdrähten lief.

Zur Sicherung gegen Entgleisung und Umkippen dieses Wagens waren die Rollen mit Schutzgabeln versehen. In dem Schwerpunkt des Wägelchens hing an einer ca. 0,5 m langen Stange ein Gewicht in Form einer Metallkugel. Gleichzeitig wurde durch dieses Gewicht der nötige Kontakt mit den Fahr-

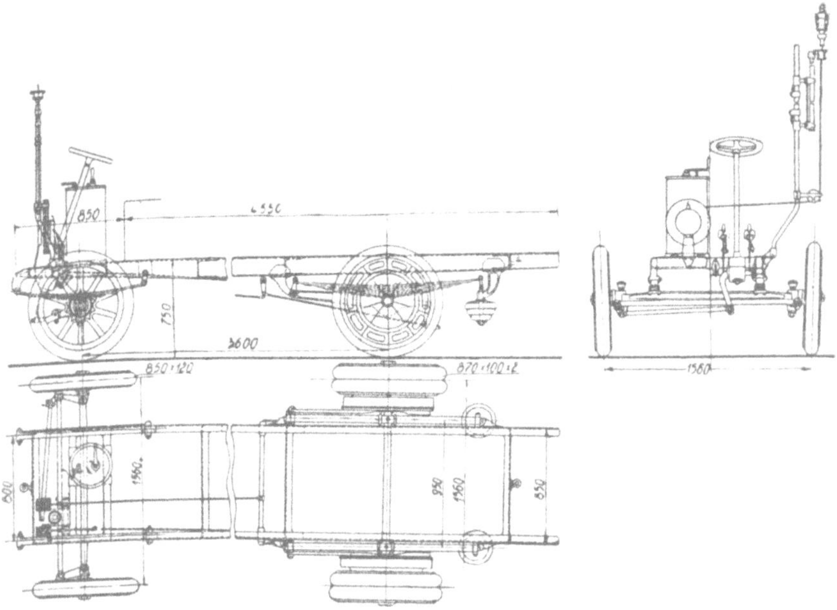
Abb. 5. Fahrgestell Daimler-Stoll.

drähten erzielt. Der Strom wurde durch biegsame Kabel von den Rollen zum Wagen geführt.

Als Hansa-Lloyd, Bremen, sich Anfang des Jahrhunderts mit dem Trolleybussystem beschäftigte, wurde dort ein anderes Strom-

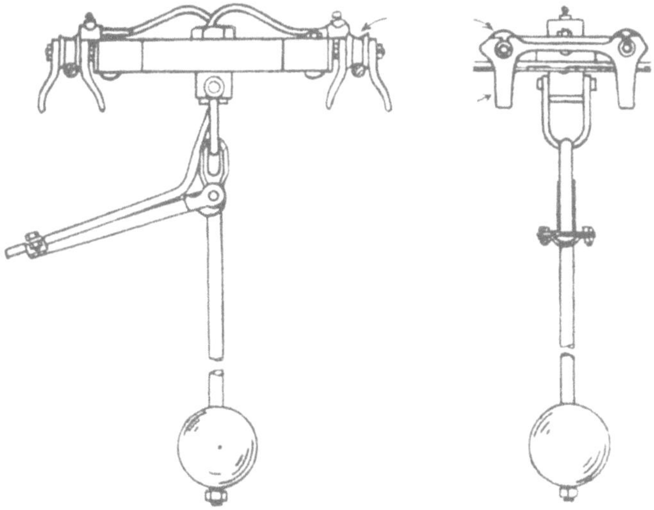
Abb. 6. Stromabnehmer Daimler-Stoll.
Aus „Schiemann, Gleislose Bahnen".

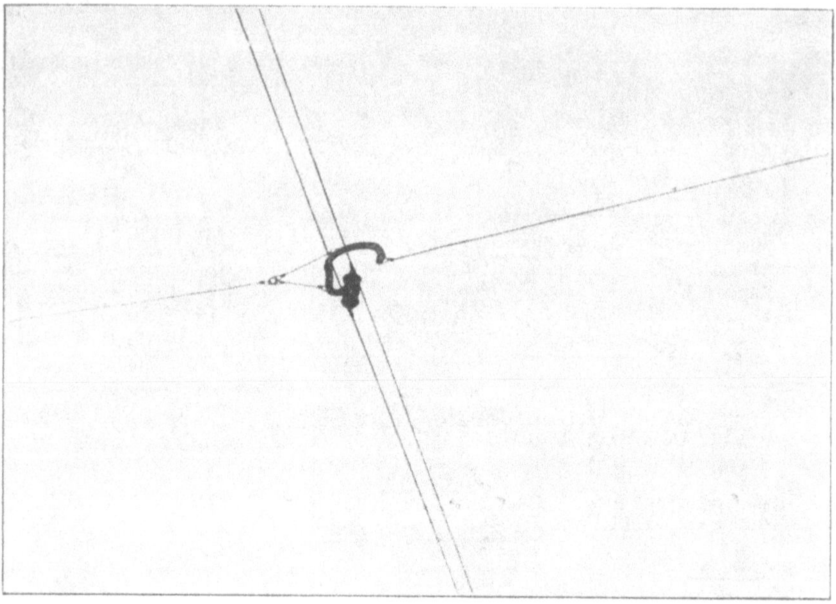

Abb. 7. Fahrdrahtanordnung Hansa-Lloyd-Köhler.

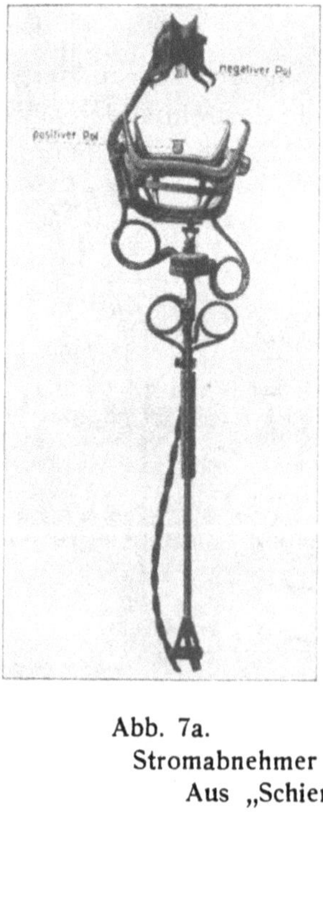

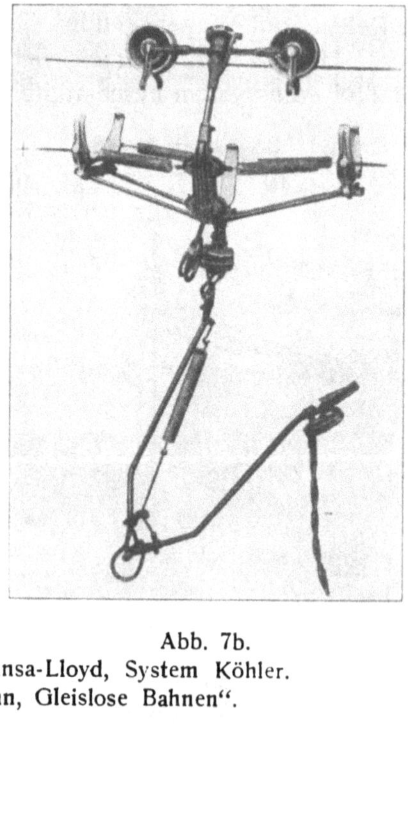

Abb. 7a. Abb. 7b.
Stromabnehmer Hansa-Lloyd, System Köhler.
Aus „Schiemann, Gleislose Bahnen“.

abnehmersystem ausgebildet, bei dem die stromführenden Drähte nicht wie allgemein bisher neben-, sondern übereinander lagen. Abb. 7 zeigt die Art der Ausbildung. Die Rollen laufen auf dem oberen Draht, der Bügel schleift unter Druck am unteren Draht. Die Bügel werden mit Federkraft gegen den Draht gedrückt, das Gewicht des Stromabnehmers (das aber gering ist und nur ca. 5,0 kg beträgt) ergibt den Rollendruck. — Unterhalb des Stromabnehmers liegt die sogenannte Schleifdose, welche die Drehung der unter ihr hängenden Kabelschleife ermöglicht, ohne eine Zerrung der Kabel. Diese Kabelschleife soll beim Anfahren

Abb. 8. Erster Trolleybus Hansa-Lloyd.

Stromabnehmer und Fahrdrähte schonen. Sie besteht aus zwei durch ein Scharnier verbundenen Schenkeln, die durch Federkraft zusammengezogen werden. Beim Anfahren öffnen sich zuerst die Schenkel, bis die Federspannkraft die Stromabnehmer-Reibung überwiegt. Dann erst wird der Stromabnehmer selbst vorwärts bewegt. Aber auch diese anscheinend gute Konstruktion hatte auf die Dauer keinen Erfolg. Abb. 7a u. 7b zeigen sie.

Abb. 8 zeigt einen der ersten Wagen von Hansa-Lloyd, Abb. 9 gibt eine instruktive Ansicht des Wagenvorderendes und der Kabeltrommel, Abb. 10 zeigt den Fahrschalter (eine genaue Nachbildung des Fahrschalters von der elektrischen Straßenbahn), Abb. 11 bringt noch eine Fahrzeugabbildung und Abb. 11a das Fahrgestell selbst, welche die einfache und primitive Ausbildung der Fahrzeuge erkennen lassen. Das Chassis lehnt sich in seinem Aufbau an denjenigen der Benzinautomobile an. Der

Abb. 9. Wagenvorderende nach Abb. 8.

Antrieb erfolgt durch einen Elektromotor, welcher ungefähr in der Mitte des Wagens im Rahmen starr eingebaut ist und vermittels einer Kardanwelle und eines Differentialgetriebes die Hinterräder antreibt. Die Vorderräder werden durch eine Schneckensteuerung gelenkt. Der Fahrschalter befindet sich vor

Abb. 10. Fahrschalter Hansa-Lloyd.

dem Führersitz und ist nach Art der Straßenbahnkontroller ausgeführt. Außer der elektrischen Kurzschlußbremse sind zwei

Abb. 11. Trolleybus Hansa-Lloyd.

mechanische Bremsen vorhanden, welche auf die Hinterräder und die Motorwelle wirken. Beide werden durch Pedale betätigt. Beim Anzug der mechanischen Bremsen wird der Strom

Abb. 11a. Fahrgestell Hansa-Lloyd.

zwangläufig unterbrochen und schaltet sich selbsttätig erst dann wieder ein, wenn der Fahrschalter auf Null zurückgestellt ist. Auf diese Weise wird wieder vorschriftsmäßig angefahren. Für gewöhnlich wird zum Betrieb von gleislosen Bahnen der auch für Straßenbahnen übliche Gleichstrom von ca. 500 Volt verwendet. Nach den Erfahrungen bei Straßenbahnen eignet sich Gleichstrom am besten für diese Zwecke, weil er bekanntlich bei Hauptstrommotoren die beste Manövrierfähigkeit gestattet.

Alle damals verwandten deutschen Wagen waren sich sehr ähnlich, hatten immer nur einen Hauptstrommotor (zwischen 20 und 35 PS stark) und Hinterachsantrieb entweder durch Kardanwelle und Kegelraddifferential, oder durch Schneckengetriebe.

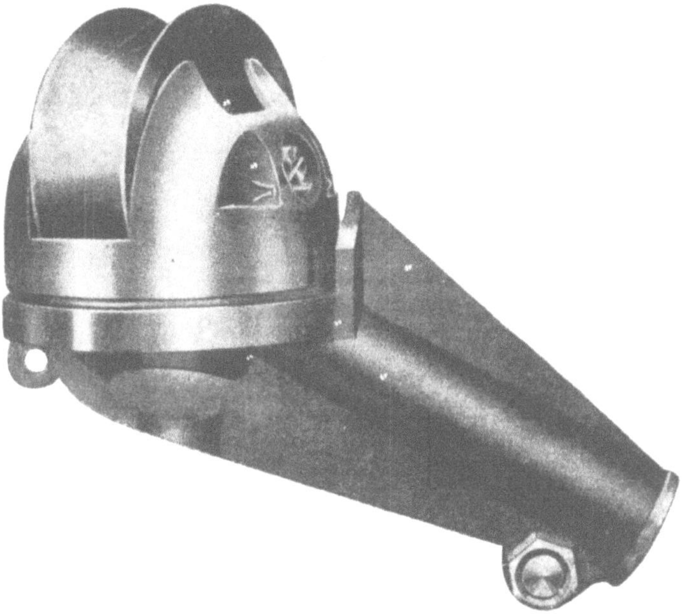

Abb. 12. Diksinrolle.
Aus „Schiemann, Gleislose Bahnen".

Wagen des Systems Hansa-Lloyd konnten infolge des Kabelstromabnehmers bis zu 10 m seitlich ausweichen.

Max Schiemann, heute Schiemann & Co. in Wurzen, der Hauptpionier für das Trolleybussystem in Deutschland, hatte inzwischen in den Jahren 1901 u. f. gute Stromabnehmersysteme durchgeführt. Aber es zeigte sich hier wiederum der alte Satz, daß das Einfachste immer das Zweckmäßigste ist und die Entwicklung moderner Stromabnehmer letzten Endes aus der aus dem englischen Straßenbahnbetriebe stammenden Diksinrolle nach Abb. 12 durchgebildet worden ist. Im Gegensatz zur elektrischen Geleisbahn (bei welcher der Zuleitungsdraht immer fast genau über Geleismitte liegt) erfordert der geleislose Betrieb ein Ausweichen zur Seite ohne Seitenverlegung der stromführenden Drähte. Das bedingt eine starke und eigenartige Beanspruchung des Stromabnehmers. Schiemann ordnete daher in Ergänzung der Diksinrolle einen um eine horizontale und um eine vertikale Achse drehbaren Schleifschuh an, dessen lange Schleiffläche mit einem gutleitenden Material ausgefüllt ist, um Abnützungen des Schleifkontaktes am Fahrdraht zu vermeiden. Außer einer sorgfältigen Schmierung durch konsistentes Fett ist mittels einer geeigneten Federung erreicht, daß der nach hinten überhängende Löffel stets in ganzer Fläche zur Kontaktanlage kommt. Zum bequemen Anlegen an den Fahrdraht wird das Schleifstück mit einer breiten Gabel versehen (nach Abb. 13). Schiemann hat an-

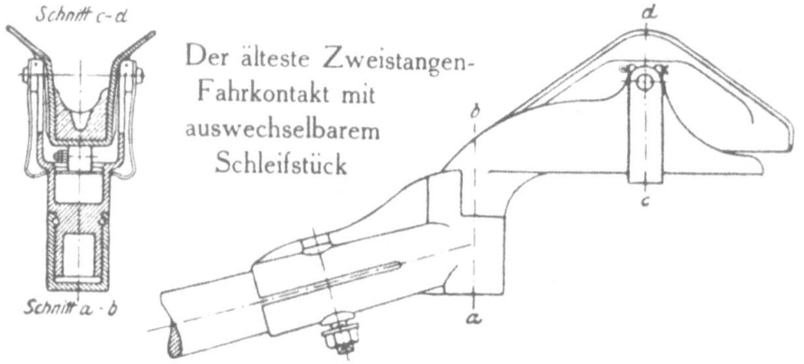

Abb. 13.

fänglich immer zwei Kontaktstangen auf dem Wagendache angebracht, die ca. 50 cm hintereinander saßen, so daß ein bequemes Wenden der Wagen möglich war. Beim Wenden können die Kontaktstangen am Fahrdraht bleiben, so daß ein Wagenwenden unter Strom möglich war.

Wenn man heute die einfachen englischen Stromabnehmer betrachtet, dann kommt erst richtig zum Bewußtsein, welche Umwege konstruktiv oft gemacht werden müssen.

So ist dann auch Schiemann bald zum Einstangen-Kontaktsystem übergegangen, bei welchem (nach Abb. 14 ausgeführt) für die Stromzuleitung die Kontaktstange selbst, für die Rückleitung ein Kabel im Stangeninnern verwandt wird. Die Stromdrähte liegen hier nur ca. 150 mm auseinander, die Gleitschuhe der Stromabnehmer werden (in der Kraft einstellbar) so gegen die Fahrdrähte gedrückt, daß sie sich in Krümmungen unabhängig

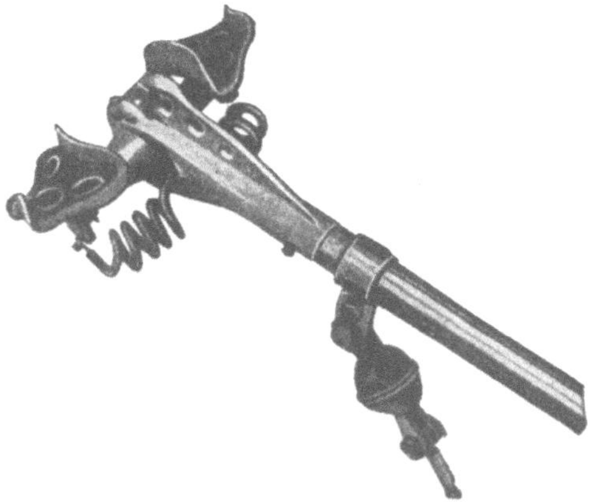

Abb. 14. Einstangenkontakt Schiemann.

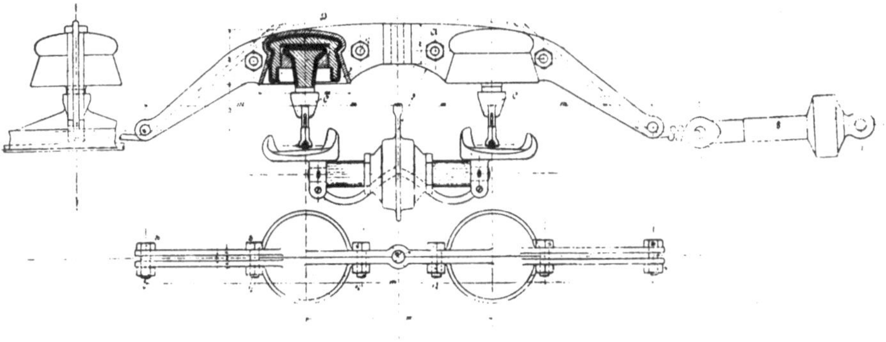

Abb. 14a. Fahrdrahtanordnung, System Schiemann.

Abb. 14b.
Stromabnahme, System Schiemann.

Abb. 15. Schiemann-Trolleybus im Winter.

Abb. 16. Schiemann-Trolleybus Blankenese-Marienhöhe.

von den Wagenbewegungen selbsttätig einstellen. Es war aber bei dieser Konstruktion das seitliche Wagenausweichen auf ca. 3 m

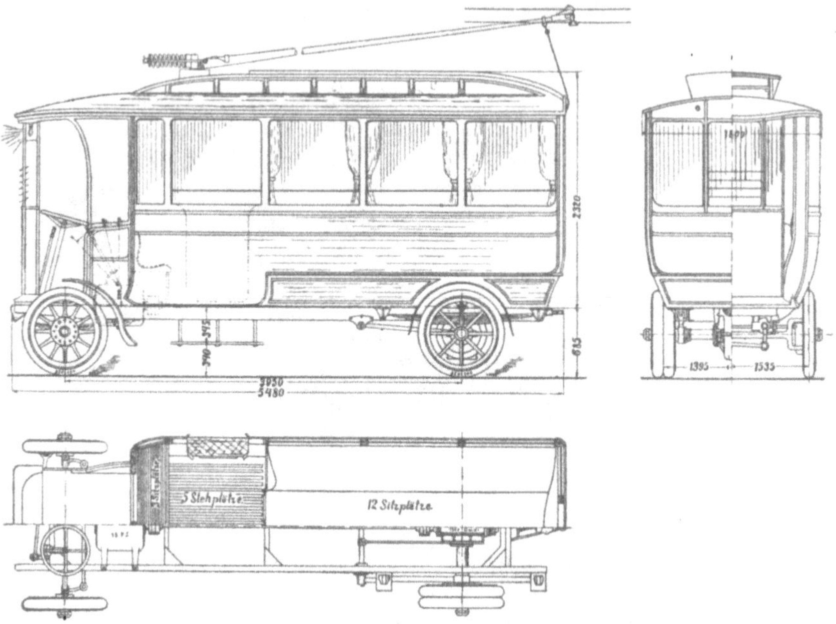

Abb. 17. Maßskizze Schiemannscher Trolleybusse.

beschränkt. Abb. 14a u. 14b zeigen die Fahrdrahtaufhängung und die Stromabnahme beim System Schiemann.

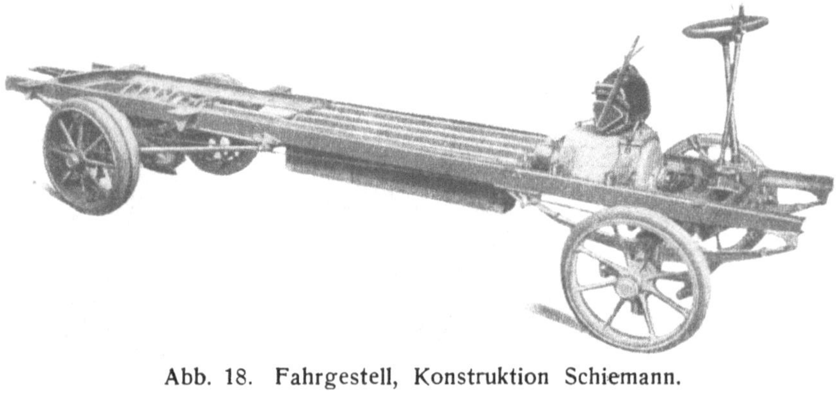

Abb. 18. Fahrgestell, Konstruktion Schiemann.

Die Abb. 15 und 16 zeigen Schiemann-Fahrzeuge mit dieser Kontaktvorrichtung. Abb. 17 gibt die Hauptabmessungen solcher Schiemannschen Trolleybusse und Abb. 18 zeigt die primitive Art damaliger Fahrgestelle.

Abb. 19. Einer der ersten deutschen Trolleybusse (Mülhausen i. Elsaß).

Um einigermaßen ein Bild von der damals schon vorliegenden Entwicklung zu geben, bringen die Abb. 19 und 20 noch zwei der ersten Schiemannschen Trolleybusausführungen, beide mit Vorderradantrieb und Lenkschemelausbildung. Die Bielatalbahn bei Königstein an der Elbe (Wagen nach Abb. 20) wurde im Juli 1901 eröffnet und diente von vornherein neben dem Güter-

Abb. 20. Trolleybus der Bielatalbahn.

auch dem Frachtenverkehr. Letzten Endes waren die Wagen nichts anderes als gering umgestaltete Pferdeomnibusse. Sie hatten 18 Sitz- und 6 Stehplätze, der Vorderperron war nur für den (stehenden!) Führer bestimmt. Felgenbreite der eisenbereiften Räder (von 1100 bezgl. 1000 mm Durchmesser) war 100 resp. 90 mm und Schemellenkung. Beide Motoren saßen mittels eines Verbindungsrahmens pendelnd auf der Vorderachse. Die Lenkung des Schemels erfolgte durch ein senkrecht stehendes Lenkrad von 600 mm Durchmesser, allerdings war eine Kugellagerung der Lenkflächen ausgeführt. Außer der elektrischen Kurzschlußbremse (durch Fußhebel bedienbar), welche gewöhnlich im Dienst benützt wurde, war noch eine Hinterrad-Handbremse vorhanden, ebenso Sandstreuer vor den Hinterrädern.

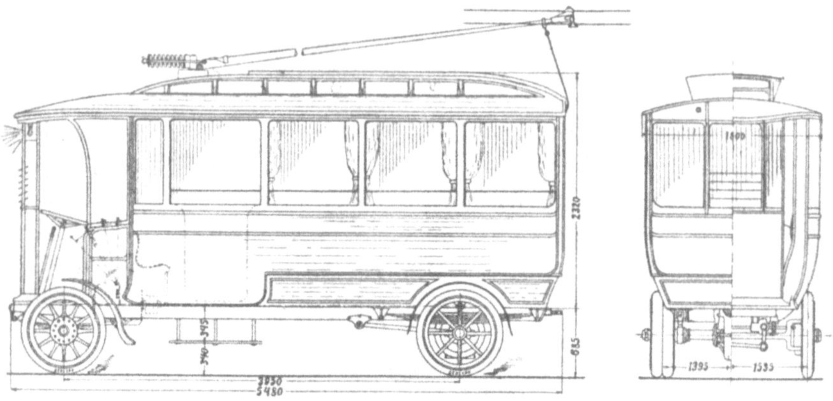

Abb. 21. Trolleybus für Drammen.

Die Schaltung der Motoren auf Vorwärtsfahrt, Kurzschluß- und Gegenstrombremse und Rückwärtsfahrt erfolgte durch den Fahrschalter, wobei die verschiedenen Geschwindigkeiten durch Hintereinander- oder Parallelschalten der Motoren erzielt wurden.

Obgleich die Bielatalbahn, die erste deutsche geleislose Bahn an sich, nach drei Betriebsjahren wieder stillgelegt wurde, weil der Verkehr im Tale zu gering war, gab sie Schiemann ein gutes Studienobjekt und ihre Einrichtungen wurden später an anderer Stelle wieder verwandt.

Bis zum Jahre 1911 hat Schiemann nun 13 Linien mit ca. 50 km Länge und 110 Fahrzeugen (Personen- und Lastwagen) ausgeführt und langsam seine Konstruktionen immer höher entwickelt. Sein damals größter Erfolg war die Einrichtung der

Trolleybuslinie in Drammen (Norwegen), einer Stadt von 35 000 Einwohnern auf den beiden Ufern des Drammen-Elv mit 3 resp. 3,5 km Linienlänge. Beide Linien waren durch eine mit Steilrampen mit 10 % Steigung versehene Holzbrücke miteinander verbunden. Die Wagen waren nach Abb. 21 ausgeführt und hatten bei drei Tonnen Dienstgewicht und seitlichem Einstieg Raum für 20 Fahrgäste. Die Schemellenkung war einer Schenkellenkung gewichen und der Hinterradantrieb (ein 15—22pferdiger Hauptstrommotor) in Übersetzung von 1:6 nach Abb. 22 ausgeführt. Hier wird die Differentialwirkung dadurch erreicht, daß die lose auf die Achse aufgeschobenen Triebräder mit je einer Anschlagfeder versehen sind, der ein auf der getriebenen Achse

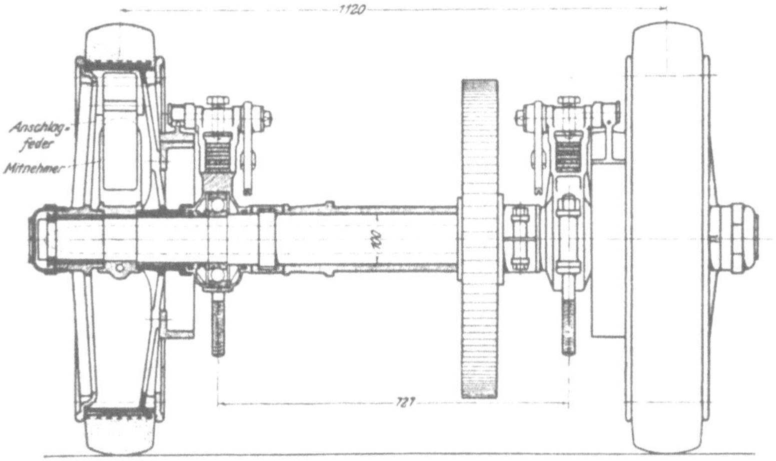

Abb. 22. Hinterachse, System Schiemann.

angebrachter Mitnehmer gegenübersteht. Diese Mitnehmer ergeben durch die Federwirkung des Anschlages sowohl eine, wenn auch geringe, Differentialwirkung und mildern außerdem die Fahrbahnstöße auf das Getriebe, verhindern jedoch das Gleiten von einem der Räder.

Der Betriebsstrom von 500 Volt wird durch zweipolige Stromabnehmer nach Abb. 14, die nach Abb. 23 hinsichtlich ihrer Lagerung ausgebildet sind, dem Motor zugeführt. Abb. 24 gibt noch eine gute Darstellung der Stromabnehmerschuhe selbst.

Es folgte dann 1911 die Einrichtung der Trolleylinie Blankenese (Elbe) nach Kolonie Marienhöhe, 3 km lang. Die Fahrzeuge stellt Abb. 16 dar. Hier ist ebenfalls wieder die in 150 mm Entfernung ausgeführte doppelpolige Stromleitung ausgeführt. Sie hängt an 5 m langen Auslegern, die an Gittermasten mit 50 m Entfernung (in der Geraden) befestigt wurden.

An einem geerdeten Oberdraht (der als Blitzschutz und als Schwachstromschutz dient) hängen Zwischenisolatoren jeweils in Mitte zwischen zwei Auslegern. Die Wagen haben 15 PS Wendepol-Gleichstrommotor für eine Spannung von 440 Volt und 1200 Umdrehungen/min. Der Motor ist hier im Fahrgestellrahmen befestigt und treibt mittels einer Gelenkkupplung ein 10:1 übersetztes Schneckengetriebe, das mit Kugellagern versehen, in staub- und öldichtem Metallgehäuse liegt. Sämtliche

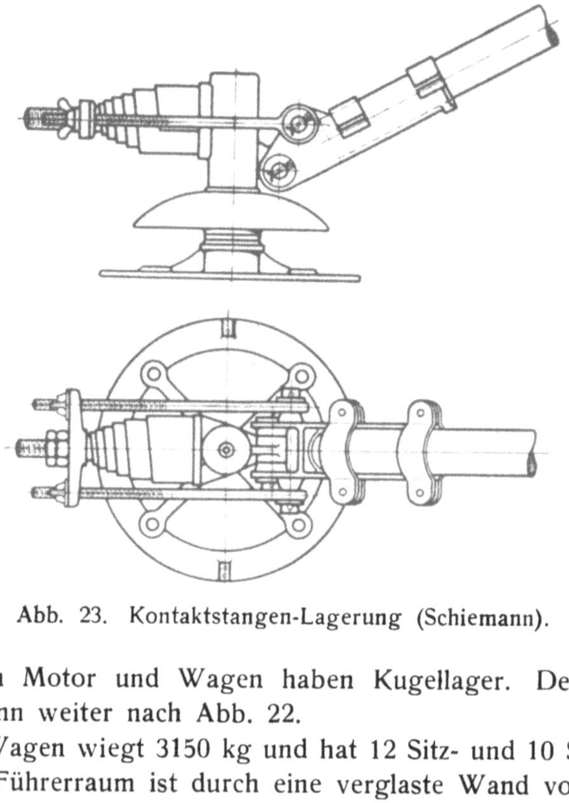

Abb. 23. Kontaktstangen-Lagerung (Schiemann).

Lager von Motor und Wagen haben Kugellager. Der Antrieb erfolgt dann weiter nach Abb. 22.

Der Wagen wiegt 3150 kg und hat 12 Sitz- und 10 Stehplätze und sein Führerraum ist durch eine verglaste Wand vollkommen abgeschlossen.

Da nur eine zweipolige Fahrdrahtleitung lag, mußte der Führer beim Begegnen durch Abheben seiner Kontaktstange dem anderen Wagen das Vorbeifahren ermöglichen. Die Tageskilometerleistung eines Wagens betrug 160 km. Der Krieg (Beschlagnahme der Kupferleitung, Entziehung der Stromquelle usw.) brachten die Stillegung der Bahn.

Schiemann und Daimler-Stoll haben bis zum Kriege die meisten derartigen Linien in Europa gebaut. Stoll hat dann nach dem Kriege ein Projektbüro für solche Anlagen in Wien errichtet. In Italien bildete sich nach der Konstruktion Frigerio die „Societa per la Trazione Ellectrica“. Schiemann selbst gründete als Filiale seiner Gesellschaft die englische „Railles Electric Traction Con-

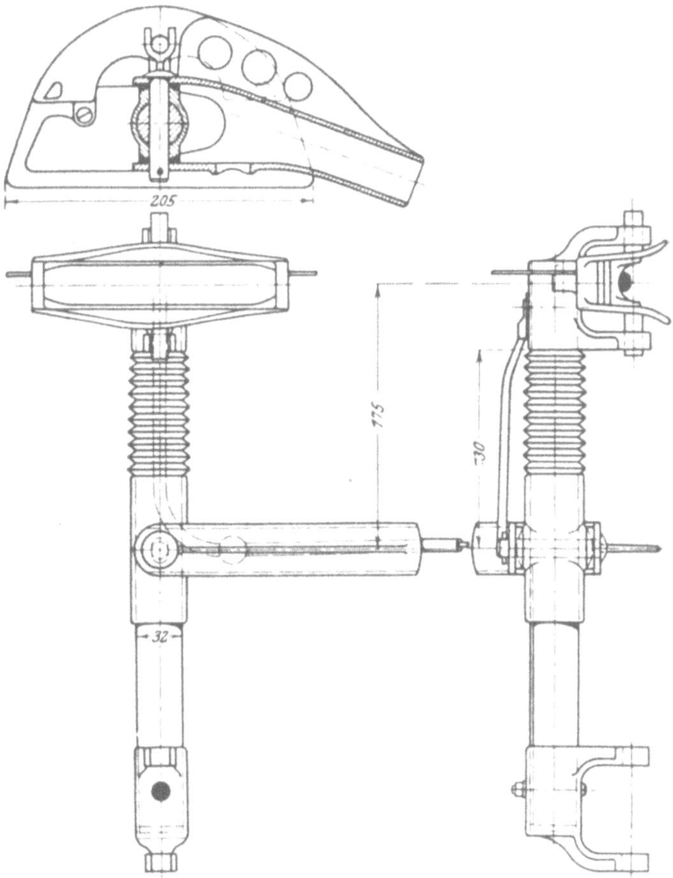

Abb. 24. Stromabnehmer, System Schiemann.

struction Co. Ltd.“ in London. Das System Lombard-Gérin und ein weiter entwickeltes deutsches System der Braunschweiger Maschinenbauanstalt verschwanden im Kriege.

Nach dem Kriege hat sich lange nichts mehr hinsichtlich Trolleybussen in Deutschland ereignet und es hatte den Anschein, als ob alle Arbeiten, vor allem die Schiemanns, vergeblich gewesen wären.

Da trat dann der schon verschiedentlich wiederholte Fall ein, daß eine im Prinzip deutsche Erfindung nach längerer Pause im Ausland zu neuer Entwicklung kam, wie das hier vor allem in England und in Amerika der Fall geworden ist. Und erst über diesen Umweg (der neuerdings auch in Frankreich zur ähnlichen Tatsache geworden ist) werden wir die Renaissance des Trolleybusses in Deutschland demnächst erleben.

Über die Gründe dieser auffälligen Tatsache rede ich später noch. Einstweilen wollen wir uns diese ausländischen Entwicklungen noch etwas ansehen.

2. Die Entwicklung der Trolleybuslinien in England.

Die von Schiemann gegründete englische „Railles Traction Co.“ in London hat in der ersten Zeit (also 1911) ihre Wagen entweder von Schiemann bezogen, resp. sie dann auf Grund seiner Konstruktionen ausgebildet. Die ersten Trolleybusse liefen in der Stadt Bradford, ferner fast gleichzeitig in Leeds ebenfalls im Jahre 1911, von wo aus sie einen solchen Aufschwung nahmen, daß bis zum europäischen Kriege allein in England 33 Linien von einer Gesamtlänge von 200 km mit ca. 100 Fahrzeugen verschiedener Systeme eingerichtet wurden. Der Krieg hemmte natürlich auch hier die weitere Entwicklung, die aber merkwürdigerweise in Deutschland fast unbeachtet geblieben ist. Nach dem Kriege (allerdings nicht unmittelbar) haben sich nun eine ganze Reihe englischer angesehener Firmen auf den Bau von Trolleybussen und die Einrichtung von Linien dazu eingerichtet, so Garrett & Sons, Leiston, im Jahre 1922, fast gleichzeitig mit Ransomes, Siems & Jefferies Ltd. in Ipswich und der Guy Motors Co. in Wolverhampton. Die meisten Fahrzeuge hat die „English Electric Co. Ltd.“ in London und deren Vorgängerin gebaut. Eine der Hauptursachen für diesen Anfang der zwanziger Jahre neu beginnenden Aufstieg war wohl der Übergang der Stadt Birmingham im Jahre 1921/22 zum Trolleybus. Das kam nun so: Der Krieg hat natürlich auch seine Wirkungen auf englische Verkehrsanlagen gehabt und ihre Erneuerung und Ausgestaltung im Kriege war teilweise auch höchst fragwürdig. Das gilt vor allem für elektrische Straßenbahnen. Diese starke Abnützung der Bahnanlage in Birmingham veranlaßte nun 1921 eine genaue Prüfung der Kostenfrage für eine völlige Erneuerung, bei der man auf eine Summe von 1,8 Millionen Mark kam. In dem Bestreben, diese Kostensumme zu verringern, erwog man auch den Gedanken der Einrichtung des Trolleybusbetriebes, der ja vor dem Kriege und selbst im Kriege in englischen Städten ganz erfolgreich gearbeitet hatte.

Wenn man nun zwölf Doppeldecker-Trolleybusse anschaffte, die Oberleitung umänderte, die Schienen beseitigte und die Straßen wiederherstellte, sowie zwölf alte Straßenbahnwagen verkaufte, dann kam man auf eine Summe von nur 720 000 M. Die Wirtschaftlichkeitsberechnung ergab noch weitere günstige

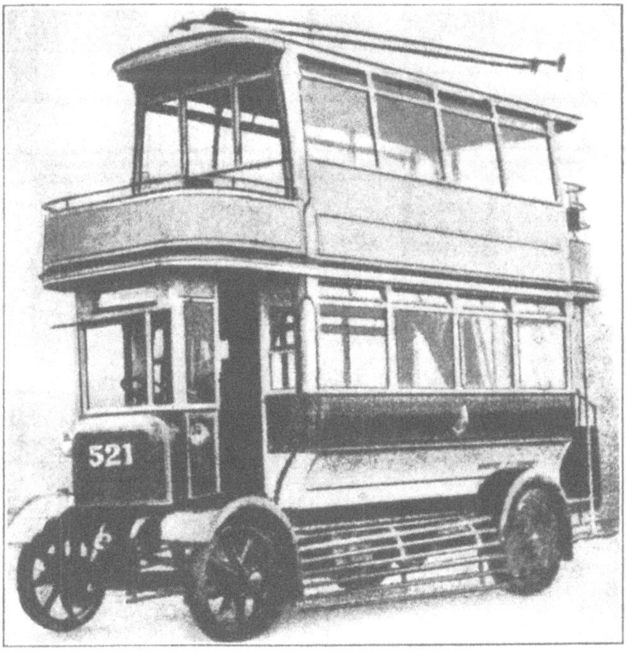

Abb. 25. Alter englischer Doppeldeck-Trolleybus.

Momente, indem sich ein Betriebs g e w i n n von ca. 62 400 M. beim Trolleybetriebe gegen einen V e r l u s t von ca. 66 800 M. beim Straßenbahnbetriebe pro Jahr ergab. So entschied man sich für die Oberleitungsstrecke, welche sich in Wirklichkeit nach ihrer Eröffnung im November 1922 auf noch 100 000 M. n i e d r i g e r stellte, als veranschlagt worden war.

Die Erfahrungen und Ergebnisse von Birmingham sind wohl der stärkste Ansporn für die Einrichtung von Trolleylinien in England geworden und die später folgenden Beschreibungen und Tabellen werden den fast phantastisch anmutenden Fortschritt des Systems in England ergeben. Hier sei nur kurz gesagt, daß Trolleylinien 1912 und 1913 in Rotherham und Ramsbottom, 1920 in York, 1921 in Halifax, und dann in schneller Folge in zahlreichen anderen englischen Städten eingerichtet wurden.

Wir wollen uns aber die Entwicklung der Dinge gerade in Bradford, dem englischen Geburtsorte des Trolleybusses, noch etwas genauer ansehen, weil sie wichtig sind für die Entwicklung.

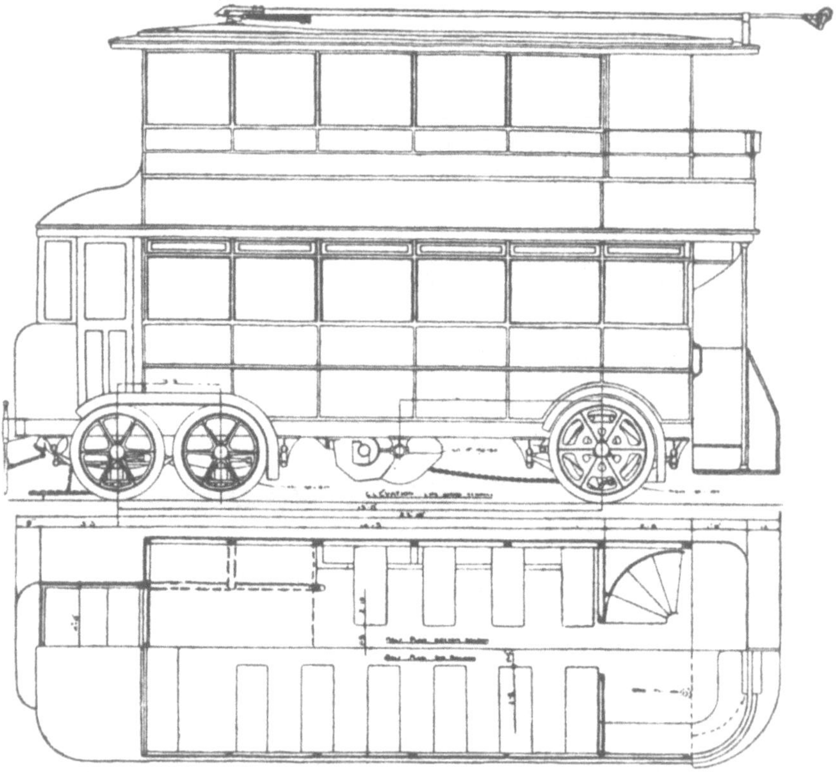

Abb. 26. Alter englischer Sechsrad-Doppeldeck-Trolleybus.

Nach dem Kriege hat die Stadt in ihren eigenen Werkstätten einen neuen Trolleybustyp entwickelt, der als Doppeldecker mit 25 Fahrgästen im Unter- und 25 Fahrgästen im Oberdeck ausgebildet war. Er konnte sowohl im Innern der Stadt auf Schienen als außerhalb auf der Landstraße laufen. Der Radstand der Fahrzeuge war 2100 mm. Beim Geleisbetrieb wird die Stromabnehmerstange herabgezogen und ein Gleitschuh-Stromabnehmer bildet den Schienenkontakt. Eine ähnliche kombinierte Konstruktion mit vorderer herablaßbarer Spurachse hat auch Schiemann einmal entwickelt. Sie konnte sich aber nicht durchsetzen.

So ist man nach und nach auf den Trolley-Doppeldecker nach Abb. 25 gekommen, da man natürlich sehr bald die erhöhte Wirtschaftlichkeit des Doppeldeckers gegenüber dem Eindecker einsah.

Nun ging die weitere Entwicklung einen eigenartigen Weg in der Ausbildung des Dreiachsers nach Abb. 26, eines Sechsrad-

Abb. 27. Trolleybus der Atlas Truck Co.
Aus „Schiemann, Gleislose Bahnen".

wagens, bei dem die Vorderachsen gelenkt wurden. Die Hinterachse wird durch einen 60 PS-Motor, der ungefähr in Wagenmitte hängt, mittels Kette angetrieben. Das Fahrzeug hatte bei zirka 6000 mm Gesamtlänge, 3500 mm Gesamthöhe, einer größten Breite von nur 1800 mm bei 500 mm Einstieghöhe Raum für 57 Fahrgäste.

Ehe wir uns nun den für unsere Zwecke ausschlaggebenden Stand der Dinge in der jetzigen Zeit in England ansehen, wollen wir noch kurz einen Blick auf Amerika und Frankreich werfen.

3. Entwicklung des Trolleybusses in Amerika.

Seit Herbst 1920 wurde auf Staten-Island (einer Insel vor New York) eine von der Stadt New York selbst betriebene Linie eingerichtet. Dann entschloß sich die Richmond Va. Eisenbahn zur Einführung des Trolleybusses. New York kam mit weiteren Linien, Detroit, Buffalo, die Northern Electric Traction & Light Co. in Akron folgten.

Als erstes Werk hat die Atlas Truck Co. im Jahre 1920 Wagen nach Abb. 27 gebaut und von ihr stammt auch der Name

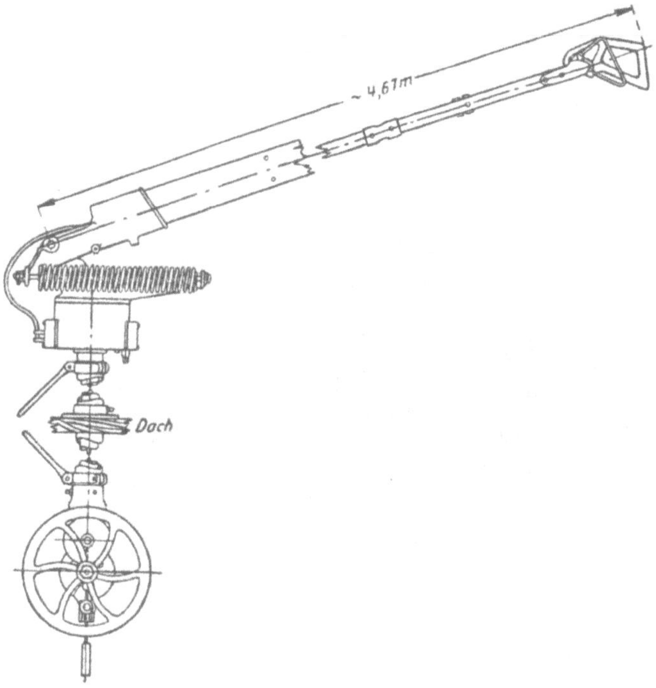

Abb. 28. Stromabnehmer des Atlas Truck-Trolleybusses.

„Trolleybus“, damals von der Firma als „Trollibus“ gebildet. Er faßte bei ca. 7500 mm Länge 30 Sitz- und 15 Stehplätze.

Interessant ist sein Stromabnehmer nach Abb. 28. Er hat bei einer Länge von ca. 4670 mm am oberen Ende zwei Schleifschuhe (Fahrdrahtentfernung ca. 350 mm), die zusammen ca. 710 mm breit sind. Das Handrad im Wageninnern dient dazu, beim Begegnen mit einem anderen Fahrzeug mittels Hebelübersetzung den (ca. 11,4 kg betragenden) Federdruck des Stromabnehmers aufzuheben und den Stromabnehmer selbst ein- und auszuschwenken.

Es ist ganz selbstverständlich, daß nach dem Kriege, bei dem hohen Stande der amerikanischen Kraftwagenindustrie überhaupt, auch die konstruktive Ausbildung der Trolleybusse eine weitgehende Verbesserung erfahren hat und das System jetzt in Amerika über eine ganze Reihe vorzüglicher Fahrzeuge verfügt. Abb. 29 zeigt einen der modernsten Wagen, den der Stadt Salt Lake City, einen Dreiachser, für 43 Personen normal, aber auch bis zu 70 und 80 Personen überlastbar. Der Aufbau ist in Duraluminium ausgeführt, 7500 mm lang, 2000 mm breit und 2250 mm hoch. Er hat das verhältnismäßig hohe Gewicht von ca. 8000 kg.

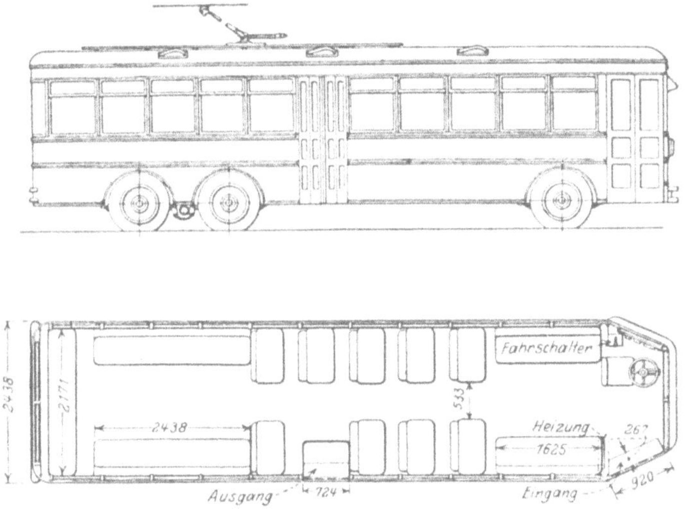

Abb. 29. Trolleybus von Salt Lake City.

Die Türen werden mit Druckluft betätigt, das Wagenschlußlicht leuchtet auf, sowie der Wagen gebremst wird.

Die beiden eingebauten 50 PS-Motoren (600 Volt) treiben je eine Hinterachse an. Höchstgeschwindigkeit 50 km/Std. Es ist ein zweipoliges Kontaktrollensystem zur Stromabnahme ausgebildet. Die elektrischen Bremswiderstände werden zur Heizung benützt.

Alle elektrischen Anschlüsse und Schaltungen sind zusammen in einem Schrank an der vorderen Perronseite untergebracht. Alle Teile sind besonders leicht zugänglich und auswechselbar. Die Kontaktstange gestattet bei 5000 mm Länge ein seitliches Ausweichen von 4 m von der Fahrmitte, die beim zweigleisigen Betriebe auf der rechten Straßenseite liegt. Die Straßenbreiten betragen zwischen 11 und 22 m, die Steigungen bis zu 10 ‰. Die

Wagenfolge ist 6, 8 und 10 Minuten. Der Verkehr mit den Trolleybussen ergab eine Erhöhung der Fahrgastzahl um ca. 30 %, einmal weil das weiche, stoß- und geräuschlose Fahrzeug sehr zur Benützung reizt und zweitens, weil das bequeme Einsteigen am Rande des Gehsteiges erhebliche Erleichterungen bietet gegenüber der fast in Straßenmitte fahrenden Straßenbahn.

4. Aus der Entwicklung des Trolleybusbetriebes in Frankreich.

Ich wies bereits darauf hin, daß die Firma „Compagnie de Traction par Trolley Automotors" (Begründer und Konstrukteure

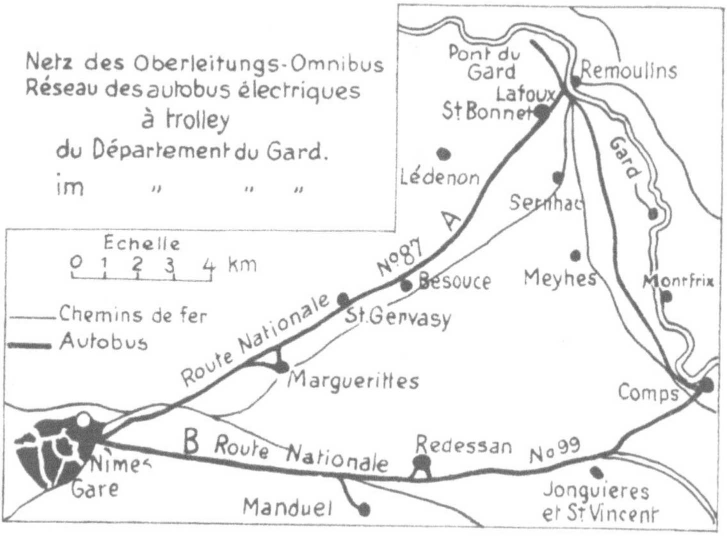

Abb. 30.

waren Lombard und Gérin) fast gleichzeitig mit ihrer Versuchsbahn auf der Pariser Weltausstellung im Jahre 1900 eine deutsche Probestrecke in Eberswalde einrichtete. Dann ist diese Gesellschaft nicht mehr recht vorangekommen, und es ist eigenartig, daß es dagegen Schiemann gelang, eine Trolleylinie von Lyon nach Charbinières schon 1905 einzurichten. Durch das Hochkommen des Automobils, vor allem aber der elektrischen Straßenbahn, ist dann in Frankreich lange Jahre so gut wie nichts mehr geschehen. Aber in den Jahren 1913 und 1914 regte sich doch, besonders in Südfrankreich, schon manche Hand wenigstens zur Prüfung der Trolleybusfrage. Der Krieg machte dann einen Strich durch alles, und es dauerte auch nach dem Kriege einige

Zeit, bis man dem Trolleybusbetriebe wieder Beachtung schenkte. Und nun begann seine Entwicklung eigenartigerweise wieder in Südfrankreich. Die erste neuere Anlage wurde im Juli 1924 im Departement du Gard eröffnet und die Abb. 30 gibt ein Bild der Linienführung. Sie führt von Nimes über Lafoux nach Comps und ist zusammen mit drei unbedeutenden Abzweigungen ca. 56 km lang. Die größte Steigung beträgt 30 ‰.

Der Betriebstrom (Gleichstrom von 500 bis 600 Volt) wird von vier Unterwerken aus 11 000 bis 13 500 Volt Drehstrom erzeugt. Die Fahrdrähte (in 350 mm Abstand) hängen in 6500 mm

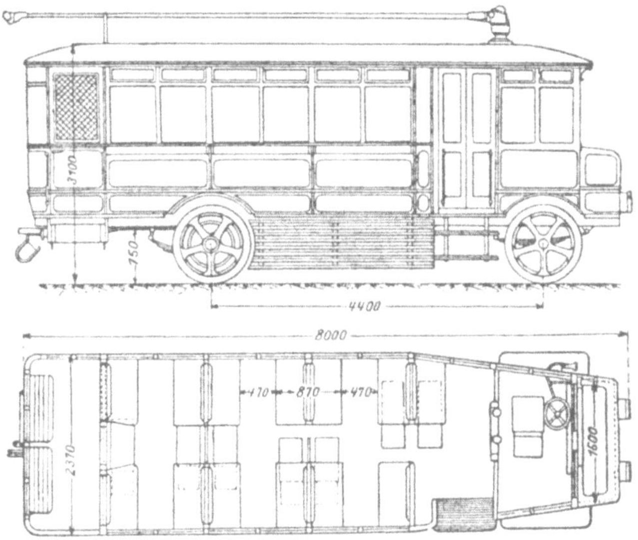

Abb. 31. Trolleybus, Departement du Gard.

Höhe an den Auslegern von Holz- und Eisenmasten in Betonsockeln, in den Ortschaften an Hausrosetten. Es ist eine Zweistangen-Rollenkontakt (12,5 kg Andruck)-Stromabnahme verwandt, welche eine Ausweichemöglichkeit von 5 m ergibt. Die Wagen sind nach Abb. 31 ausgeführt, haben 27 Plätze und Vollgummibereifung von 1030 × 160 mm, vorn einfach, hinten doppelt. Ein hinteres Abteil faßt ca. 500 kg Gepäck. Außer den 10 Trolleybussen werden 15 Güteranhänger verwandt, die aber je einen Motor haben, der vom Trolleybus, an den die Güterwagen angehängt werden, gespeist wird. Die Anhängevorrichtung zeigt Abb. 31a. Es ist also eine Art motorisch unterstützter Anhängerbetrieb.

Die Trolleybusse selbst haben zwei Motoren von je 20 PS, die je ein Hinterrad (über Schneckengetriebe) antreiben. Beide Schnecken liegen in gemeinsamem Achsgehäuse und können durch ein Sperrgetriebe gekuppelt werden, etwa wenn ein Motor versagt, oder wenn man durch Differentialwirkung verursachtes Radschleifen aufheben will. Außer der wirksamen elektrischen Kurzschlußbremse ist sowohl eine Hand- als auch eine Luftdruckbremse eingebaut. Die Luftdruckbremse ergab sich dadurch, daß man Züge aus Trolleybus und bis zu vier Anhängern betreibt, weshalb die Stromabgabe an die Anhänger und die Bremstätigkeit derselben nur vom Führer des Personenwagens mittels des Fahrschalters geregelt wird. Die Anhänger haben ebenfalls Schenkellenkung (nach Abb. 32).

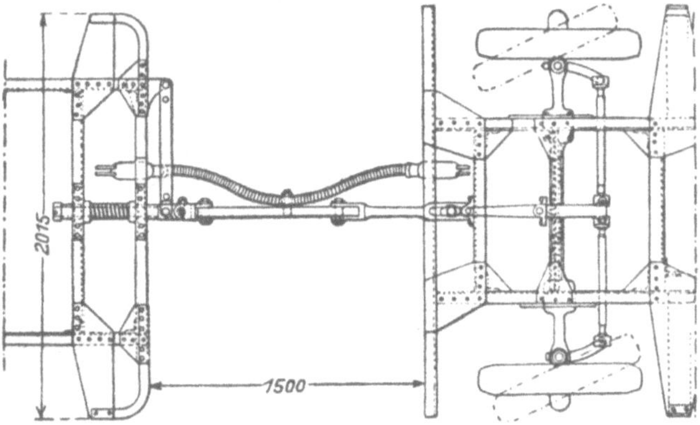

Abb. 31a. Anhängevorrichtung beim Trolleybus nach Abb. 31.

Die Fahrgeschwindigkeit beträgt 26 bis 30 km/Std., kann aber bis 40 km/Std. erhöht werden. Die Zugfolge ist vier- bis fünfmal täglich. Der Kraftverbrauch beträgt 70 bis 75 Wh/tkm, am Hochspannungs-Schaltbrett der Unterwerke gemessen.

Bei einem Trolleybuspreise von 100 000 Fr. (Güterwagen 50 000 Fr.) kostete der Streckenbau 35 000 Fr./km. Die Jahreseinnahmen betragen ca. 71 000 Fr./km. Die Anlage arbeitet wirtschaftlich günstig. 1926 wurde in den Bouches du Rhone die Einrichtung einer Trolleybuslinie von Augane nach Gemenos beschlossen und diese mit 5,4 km Länge und zwei von der Gesellschaft „Vetra“ gebauten Trolleybussen im September 1927 eröffnet. Bald danach beschloß man die Erweiterung bis Cuges-les-Pins auf 15 km mit fünf Wagen, was genau ein Jahr später durchgeführt wurde. Hinsichtlich der Wirtschaftlichkeit war das Resultat der Umwandlung der früher auf gleicher Strecke betriebenen elektrischen Straßenbahn in die neue Trolleybuslinie außerordentlich günstig. Hatte die Straßenbahn vom 22. Januar bis 22. September 1927 nur 70 000 Fahrgäste befördert, so betrug die Beförderungsziffer beim Trolleybus in der gleichen Zeit des Jahres 1928 101 474, also 45 % mehr. Hatte vorher die Strecke immer mit Defizit gearbeitet, das einen jährlichen Zuschuß von 45 000 Fr. erforderte, so ergab sich schon im ersten Halbjahr 1928 ein Plus von über 12 000 Fr. Der mittlere Energieverbrauch betrug 0,62 kWh pro Wagenkilometer.

Eigenartig war die Ausbildung der Trolleybusse insofern, als sie in ihrem elektrischen Teile genau so durchgebildet wurden wie die ehemaligen Straßenbahnwagen der Linie. Geändert war lediglich der Antriebteil. Der Antrieb erfolgte durch Kardanwelle und Kegelrad-Differential auf die Hinterräder, und zwar hatte man sich den damals neuen Pariser Benzinomnibus von Renault dabei zum Vorbild genommen. Das Fahrgestell lag ziemlich tief, so daß man mit nur zwei Einsteigtritten an Stelle der früheren drei der Straßenbahnwagen auskam.

Die Übersetzung lag so, daß sich eine Höchstgeschwindigkeit von 45 km/Std. in der Ebene ergab, welche bei Steigungen von 40 ‰ auf ca. 25 km/Std. herunterging.

Die Streckenverhältnisse sind eigenartig. Der erste Teil Aubagne—Gemenos ist ohne Geländeschwierigkeiten. Aber der Erweiterungsteil nach Cuges hat lange Steigungen und zahlreiche enge Kurven. Das ergab schon die Notwendigkeit einer soliden Ausführung der Oberleitung, die von der bekannten Compagnie Générale Francaise de Tramways erbaut worden ist. Eisenbetonmasten tragen die Leitungen, deren Aufhängungen in einem Winkel von 10° zwischen je zwei Trägern angebracht worden sind.

Ein Teil des Stromes (Betriebsspannung ca. 800 Volt) wird auf der Fallstrecke von 15 km Länge störungsfrei wiedergewonnen.

Die Anlage bietet natürlich einen Ansporn zu weiteren Linien, die in Aussicht genommen sind. Als erste Behörde folgte das Departement Savoie, welches eine unrentable, veraltete und für den Straßen-Autobetrieb gefährliche 600-mm-spurige Dampfstraßenbahn von Chambery nach Challes les Eaux 1928 durch eine Trolleylinie ersetzte, um sie gleichzeitig bis Chignin auf 11 km im ganzen zu verlängern. Durch Umwandlung einer Straßenbahnstrecke von der Zwischenstation Montiers Brides bis Villard erweiterte man das Netz auf 16 km. Man begann mit 4 Motorwagen mit je 35 Sitzen (ebenfalls von Vetra gebaut) und 3 Anhängern von je 50 Sitzen und hat jetzt 8 Motorwagen und die 3 Anhänger, weiter 4 kleine Güterwagen für je 3,5 Tonnen mit je einem Anhänger. 6 km der Strecke wurden mit doppelter, 10 km mit einfacher Fahrleitung verlegt.

Außer der Vetra hat inzwischen die französische Firma Scemia den Bau von Trolleybussen erfolgreich aufgenommen, und es hat den Anschein, als ob andere französische Automobilfabriken ihr auf diesem Wege folgen würden. Das wäre nur zu

Abb. 32. Neuester französischer Trolleybus, System Scemia.

begrüßen. Denn es sind alle Vorbedingungen für eine schnelle Einführung des Trolleybus-Betriebes auch in Frankreich gegeben.

Abb. 32 zeigt den neuen Scemia-Trolleybus, der im November 1929 zum ersten Male auf der Pariser Lastauto-Ausstellung gezeigt wurde. Er hat in seinem Äußeren sehr viel Ähnlichkeit mit einem modernen Benzinomnibus. Die Motorhaube benützt man geschickt zur Unterbringung der elektrischen Widerstände usw. — Auffällig ist die Einzellagerung der beiden Stromabnehmer. — Das Fahrzeug macht an sich einen recht guten Eindruck und wird zweifellos den englischen Trolleybussen auf dem Kontinent Konkurrenz machen.

Es ist nicht daran zu zweifeln, daß der Trolleybusbetrieb in Frankreich einen lebhaften Aufschwung nehmen wird. Es war nötig, diese ersten neueren französischen Strecken etwas eingehender zu besprechen, weil gerade diese kleinen eigenartigen Strecken sehr instruktiv, auch für deutsche Verhältnisse, sind.

Kurz soll nun auch noch das bisherige Fiasko des Trolleybetriebs in der Schweiz gestreift werden. Hier waren Daimler-Stoll die Pioniere, welche 1912 die erste Strecke Freiburg—Farvagny mit 7,7 km Länge und drei Trolleybussen und einem Trolley-Lastwagen einrichteten.

Dann sind einige Linien nach und nach eingerichtet worden, die aber bis auf eine sämtlich wieder eingegangen sind. In einem hinsichtlich der Elektrizitätsversorgung so glänzend dastehenden Lande wie der Schweiz ist das an sich ein Rätsel. Der Mißerfolg erklärt sich wohl dadurch, daß man schon frühzeitig an den Bau von Trolleylinien ging, als Wagen und Stromführungen noch Mängel hatten und nun sollen sich dadurch viele Störungen ergeben haben. Für die schwierigen Straßenverhältnisse waren die Wagen auch motorisch zu schwach. So kam die an sich gute Sache, etwas vorzeitig angewendet, in Mißkredit. Die eigene Schweizer gute Last- und Kraftomnibusindustrie, die zu gleicher Zeit bei verhältnismäßig guten Straßen schnelle, störungsfreie und leistungsfähige Omnibusse herausbrachte, tat dann das ihrige, der Trolleysache das Ende zu bereiten. Nun ist man in der Schweiz sehr konservativ und bis man die ersten Trolley-Mißerfolge vergessen hat, wird wohl noch einige Zeit vergehen. Aber auch dann wird man wohl sicher nach und nach wieder zu Trolleylinien in der neuen vollendeten Art gelangen.

Die folgende Tabelle gibt (nach Schiemann) einen kurzen Überblick über die europäischen Anlagen vor dem Kriege.

Die vorstehenden Ausführungen können und sollen natürlich nur Ausschnitte aus der Entwicklung sein; denn es ist zwecklos, diese jetzt noch ausführlich aufzudecken. Sie lassen aber alle Vorzüge und alle Fehler der ersten Anwendungen recht gut erkennen und sind aus diesem Grunde auch für die heutige Zeit wichtig. Es ist müßig, auszuführen, welche Entwicklung der Trolleybusbetrieb genommen hätte, wäre die Ausgangsbasis eine andere, wäre der Zeitpunkt des Entwicklungsbeginns günstiger gewesen. Alle menschlichen Einrichtungen sind unvollkommen und führen in ihrer Entwicklung fast immer zu scheinbaren Rückschritten, weil die erste Ausbildung in den meisten

Zusammenstellung von ausgeführten gleislosen Bahnen. (Vorkriegszeit.)

Nr.	Bahn befindet sich in	Betriebs-eröffnung	Anlagekapital ℛℳ	Linienlänge km	Größte Steigung v. T.	Wagenzahl	Bahnsystem	Bemerkungen
1	Budweis (Böhmen)	1909	49 500	1.40	43	2	Daimler-Stoll	
2	Freiburg—Posieux (Schweiz)	1912	210 000	7,70	50	4*)	„	*) einschl. 1 Lastwagen
3	Gmünd (Nieder-Oesterreich)	1907	64 000	3.30	40	2	„	
4	Heilbronn—Böckingen (Württemberg)	1911	145 500	5,50	70	4	„	
5	Judenburg (Steiermark)	1910	38 000	2,00	160	1*)	„	*) mit Postabteil
6	Kalksburg bei Wien	1909	136 000	3,84	20	4	„	
7	Paris—St. Mandé	1912	85 000	2,20	40	2	„	
8	Pötzleinsdorf—Salmannsdorf bei Wien	1909	124 000	1,90	84	4	„	
9	Preßburg (Weidritztalbahn)	1909	289 000	5,80	82	7*)	„	*) 4 offene, 3 geschl. Wagen
10	Steglitz—Berlin	1912	105 000	1,80	30	3	„	
11	Weidling bei Wien	1908	150 000	3,70	60	5	„	
12	Altona, Hafenbahn	1911	140 000	2,70	55	7 Lokomotiven	Schiemann	dient als Schleppbahn
13	Blankenese—Marienhöhe	1911	80 000	2,50	45	2	„	
14	Drammen (Norwegen)	1909	169 000	7,50	90	7	„	
15	Großbauchlitz (Sachsen). Mühlenbahn	1905	30 000	1,00	50	1 Lokomotive	„	dient als Schleppbahn
16	Mülhausen im Elsaß	1908	120 000	3,31	85	4	„	
17	Neuenahr—Ahrweiler—Walporzheim	1906	153 000	5,30	20	3*)	„	*) außerdem 3 Anhänger
18	Veischedetal (b. Grevenbrück) — Bilstein	1904	156 000	6,40	50	2	„	
19	Wurzen, Industriebahn	1905	60 000	2,50	50	2 Lokomotiven	„	dient als Schleppbahn
20	Bremen—Arsten	1910	80 000	3.10	0	2	Lloyd-Köhler	
21	Breslau—Brockau	1912	110 000	4,30	60	4 + 2	„	
22	Heilbad Hoheneck—Ludwigsburg	1911 }	280 000	4,50	82 }	6*)	„	
23	Ludwigsburg—Aldingen	1910 }		10,60	87 }		„	*) außerdem 3 Anhänger und 1 Lastzug
24	Stockport—Manchester (England)	1913	—	2,44	73	3	„	gebaut durch: The Brush Electrical Engineering Co.
25	Mailand, Ausstellung	1908	—	Ausst.	1 : ∞		Frigerio	
26	Paris, Weltausstellung	1900	—	„	1 : ∞		Lombard-Gérin	

Außerdem befinden sich noch Bahnen nach dem System der Railles Electrics Traction Co. (London) in Bradford (1911), in Leeds (1911), in Dundee und Rotherham in England, sowie nach dem italienischen System in Alba-Barolo (1911), Spezia-Portovenere (1906), Pescara-Castellamare, Ivrea-Cuorgne (Piemont), Valle Intelvi (Argegno—S. Fidele d'Intelvi), Aquila (Verbindungsbahn zwischen Stadt und Bahnhof), Cuneo (desgl.) in Italien.

Fällen unvollkommen ist. Das gilt besonders für alle Verkehrseinrichtungen. Einst waren die Straßenbahnen das Heil der Städte (wenigstens in der Einbildung). Heute verwünscht man sie in allen Großstädten. Einst waren die Eisenbahnen das Ideal und jedes Krähwinkel sucht mit allen erlaubten und unerlaubten Mitteln nach „dem Anschluß an den Weltverkehr". Heute sind die Gegenden am glücklichsten, denen der moderne Omnibusverkehr weit mehr bietet, den örtlichen Anforderungen weit besser angepaßt ist, als ein überstürzter und unangebrachter Eisenbahnverkehr. Und so wird und muß auch in Deutschland

Abb. 33.

bald der Moment kommen, wo der Trolleybus die Rolle spielt, zu der er berufen ist, nachdem die große Reformatorin Zeit die Eisenbahn, die Straßenbahn und den Benzinomnibus die Anwendung hat finden lassen, welche ihnen zukommt, und bei der Eisenbahn und Straßenbahn in ihrer ferneren Anwendung weit zurückgedrängt werden von Lastkraftwagen, Kraftomnibus und Trolleybus.

Es ist nun sehr beachtlich, daß bei der Durchbildung von Trolleybuslinien von vornherein fast immer eine Vereinigung von Personen- und Güterverkehr stattgefunden hat, und dieser Güterverkehr soll nun noch kurz untersucht werden.

5. Die Verbindung von Trolleybus- und Güterverkehr.

Da die ersten Anwendungen des Trolleysystems so gut wie ausschließlich im Orts- resp. Nachbarortverkehr stattfanden, ist es eigentlich natürlich, daß immer von vornherein an einen beschränkten, aber oft auch, bedingt durch örtliche Verhältnisse, stärkeren Güterverkehr herangegangen wurde. Es muß gesagt werden, daß diese Erweiterung in den meisten Fällen lediglich dadurch bedingt war, daß man in Erwartung eines nicht sehr

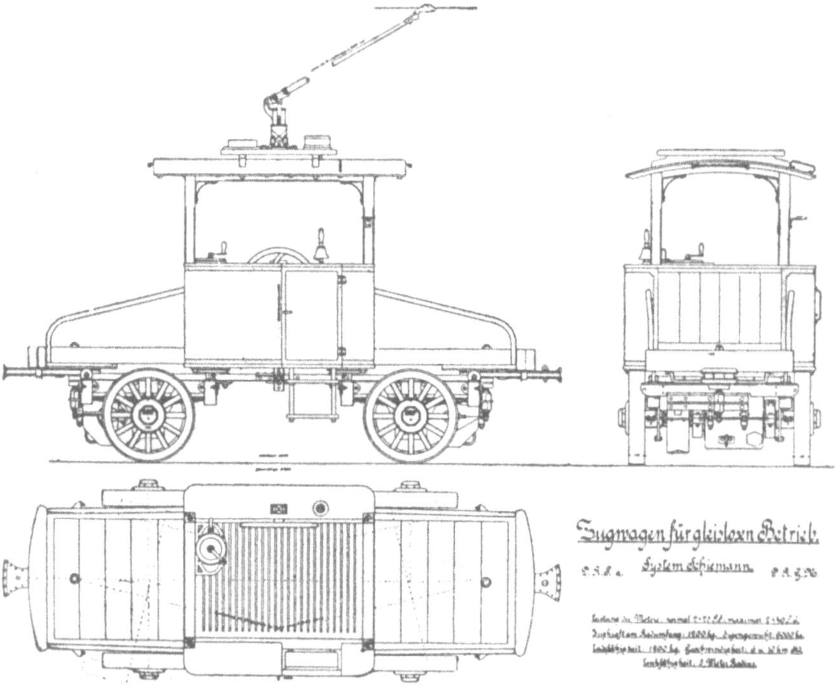

Abb. 34.

starken Personenverkehrs eine höhere Wirtschaftlichkeit des Betriebes sichern wollte. Man machte also aus der Not eine Tugend. Da aber besonders Schiemann ganz richtig erkannt hat, daß gerade in der Neuzeit die systematische (natürlich genau den örtlichen Verhältnissen angepaßte) Verbindung von Personen- und Güterverkehr in mancherlei Hinsicht die Lösung zeitgemäßer Transport- und Verkehrsfragen bringen wird, muß auf den Güterverkehr noch kurz eingegangen werden.

Eine eigenartige Anwendung im Güterdienst fand der geleislose Oberleitungsbetrieb im Jahre 1912 in Altona, wo am 2. Januar die Eröffnung der Altonaer Schleppbahn vom Hafen über die Kaiserstraße und den Elbberg bis zum Rathaus erfolgte. Abb. 33 gibt den Lageplan. Hier fand auf zwei gepflasterten Bergstraßen von je 600 m Länge mit durchschnittlich 55 $^0/_{00}$, also 1 : 18 Steigung, ein täglicher Fuhrwerksverkehr von ca. 200 Fuhrwerken mit 5-t-Beladung statt. Dieser hatte bisher den schwierigen und anstrengenden Pferdevorspanndienst erfordert. Schiemann wurde der Bau des geleislosen elektrischen Betriebs übertragen und er baute eine elektrische Lokomotive genau in der maschinellen Art des Trolleybusses nach Abb. 34. Diese zog die Fuhrwerke (meist zu mehreren hintereinander) die Steilstrecken hinauf, konnte begegnenden oder überholten Fuhrwerken leicht ausweichen und fuhr stromlos mit abgezogener Kontaktstange zurück. Notfalls konnte die Lokomotive (denn etwas anderes ist sie ja nicht) auch Fahrzeuge schieben. Die Pferde gingen dann leicht im Zuge, sie wurden nur durch die Maschine entlastet. Die Kupplung war so eingerichtet, daß sie ohne Halt vor dem Rathaus gelöst werden konnte.

Als Betriebskraft dienten 550 Volt Gleichstrom, Maschinenleistung normal zweimal 20, maximal zweimal 40 PS, Eigengewicht ca. 6000 kg, Zugkraft am Radumfang ca. 1900 kg, Geschwindigkeit 6 und 10 km/Std.

Die Anlage hat durch ihre Rentabilität bewiesen, daß sie in richtiger Erkenntnis der Verhältnisse erbaut war. In der heutigen Zeit des Kraftwagenverkehrs hat sie nur noch historisches Interesse.

Weiter hat Schiemann schon damals ganz richtig erkannt, daß gerade in Städten von weniger als 50 000 Einwohnern Bahn-Anlagen als selbständige Unternehmen kaum würden bestehen können, und die Entwicklung in Nachkriegszeiten hat ihm recht gegeben. So richtig es nun in der Neuzeit geworden ist, sich für einen wirklich rationellen Güterverkehr im Nahverkehr der modernen Kraftwagen als wichtigste Transportmittel im von Haus-zu-Hausverkehr zu bedienen, so gut durchführbar und rentabel werden sich Verbindungen von Güter und Personenverkehr gestalten, wenn gerade in solchen Mittelstädten der Trolleybusbetrieb die unrentable elektrische Straßenbahn ersetzt hat. Das gilt besonders für den Vorortverkehr. In richtiger Einschätzung dieser Momente hat die jetzt wieder zum Bau von Trolleybusse übergegangene Firma Hansa-Lloyd auch Lastkraftwagen mit Oberleitungsbetrieb durchgebildet, von denen später noch die Rede sein wird.

Schiemann hat schon im Jahre 1905 sowohl die Mühlenbahn in Großbauchlitz i. Sa., wie die Industriebahn in Wurzen eingerichtet (Näheres siehe Tabelle auf S. 48), die beide mit elektrischen geleislosen Lokomotiven nach Abb. 34 betrieben werden. Eine ganz neue Schiemannsche Industrieausführung gibt Abb. 35.

Daß die französischen neueren Trolleybusanlagen meist Güter- und Personenverkehr, genau angepaßt den Verhältnissen, verbinden, erwähnte ich bereits früher.

Es ist selbstverständlich, daß der moderne Großstadtverkehr eine solche Verknüpfung bei seiner Dichte und seiner Hast nicht verträgt. Es ist also nur auf Mittelstädte und Vororte anzuwenden, wie das auch in England geschieht.

Abb. 35. Gleislose elektrische Industriebahn, System Schiemann.

III. Der Bau der englischen Trolleybusleitungen und Trolleybusse.

1. Trolleyleitungen.

Die elektrische Straßenbahn arbeitet mit einpoliger Fahrdraht- oder Fahrstromleitung. Den anderen Pol (die Stromrückleitung) bilden die Schienen. Deshalb hat nun der Trolleybus die Ergänzung der Stromleitungen derart nötig, daß sie zweipolig (je ein Pol für Stromzuführung, einer zur Rückleitung) verlegt werden müssen. Eine einfache zweipolige Leitung bietet für die Stromabnehmer (es werden heute in England immer zwei Kontakt-

Abb. 36. Endschleife, System Ransomes, Sims & Jefferies.

stangen verwandt) nur derart eine Ausweichemöglichkeit, daß bei Trolleybusbegegnungen der eine Wagen halten und mit herabgezogenen Kontaktstangen den anderen Bus vorüberfahren lassen muß. Das ist zulässig wohl in Städten mittlerer und geringer Verkehrsdichte (im Vorort- und Überlandverkehr), aber nicht im Großstadtverkehr. Hier würde es zu vielen Aufenthalten führen, also zu Verkehrshemmungen und alles im modernen Großstadtverkehr (nicht zuletzt gerade der richtig durchgebildete Trolleybus selbst) soll ja so eingerichtet sein, daß der Verkehr ständig im Flusse bleibt. Verkehrshemmungen führen immer zu folgenden Hasten einzelner Fahrzeuge und damit zur Gefahr von Katastrophen.

Um dieses Fließen des Verkehrs zu unterstützen, hat man beim modernen Großstadtverkehr, aber auch beim stärkeren Über-

Abb. 37. Straßenkreuzung, Fahrdrahtausbildung Garrett & Sons.

landverkehr die Doppelverlegung von zweipoligen Stromleitungen eingeführt. Hier fahren dann die Trolleybusse mit seitlichem Wagenausweichen glatt aneinander vorbei. Die Stromabnehmer lassen ohne weiteres ein seitliches Wagenausweichen von in der Regel 3,5 m zu (aber auch mehr, wenn erforderlich). Schwierigkeiten beim Ausweichen, beim Durchfahren von Kurven usw. sind auch im Schnellverkehr hinsichtlich der Stromabnahme nicht mehr vorhanden. Der Schluß dieses Abschnittes wird noch zeigen, wie einfach auch die in der ersten Entwicklung des Trolleybetriebes so wichtig eingeschätzte Frage der Stromabnehmer selbst gelöst worden ist.

Abb. 38. Oberleitungsweiche, Ransomes, Sims & Jefferies.

Da die Trolleybusse an den Linienenden immer wenden müssen, ergab sich die Ausführung von Endschleifen für die Stromleitungen, wie eine solche in der Abb. 36 gezeigt wird.

Die Drahtführung in einer Kurve (Straßenkreuzung in der Stadt) zeigt Abb. 37, und zwar in Verbindung mit einer Kreuzung, während Abb. 38 die Ausführung einer Luftweiche ebenfalls bei einfacher zweipoliger Fahrleitung zeigt. Abb. 38a gibt dagegen eine Ansicht einer doppelten zweipoligen Luftweiche. Ist von einer elektrischen Straßenbahn her die Fahrdrahtleitung, also der positive Pol schon vorhanden, dann kann sie oft verwandt werden und es genügt, die Rückleitung, den negativen Pol, hinzuzufügen, ein Verfahren, daß sowohl bei einfachen als bei doppelten Fahrdrahtleitungen durchführbar ist. Die Masten, an denen die Leitungen mit Auslegern befestigt sind, tragen meist ohne weiteres die hinzukommenden Leitungen, lediglich sind oft die Ausleger selbst zu verstärken. Bei Hausrosetten-Drahtaufhängung ist die Umänderung meist noch einfacher. Selbstverständlich gilt das alles nur für Straßenbahnleitungen mit Rollenstromabnahme (also nicht für Bügelkontakte). Sonst muß die Umgestaltung der Leitung nach Abb. 39 in der Geraden, nach Abb. 40 in Kurven erfolgen, und zwar in Anordnung von Leitungen in Rosettenaufhängung. Die Abb. 41 zeigt die Anordnung der Leitungen an Auslegern an Masten.

Abb. 38a. Doppelte zweipolige Luftweiche, Ransomes, Sims & Jefferies.

Die Abb. 42 gibt noch ein typisches neuzeitliches englisches Bild: eine weite, schnurgerade englische Landstraße mit Doppeltrolleyleitung. Die Straße ist so breit und die Trolleyleitung derart einseitig gelegt, daß sich zwei Trolleybusse bequem ausweichen können und trotzdem noch die Vorbeifahrt an rechtsfahrenden Fahrzeugen anderer Art möglich ist. Seitlich der Straße liegt die elektrische Straßenbahn, welche durch die moderne Trolleylinie dem Untergang geweiht wurde. Sie ist stillgelegt und wird zerstört.

Die Stromspannung beträgt bei englischen Trolleyleitungen meist 500—550 Volt. In Frankreich, auch in Amerika sind Anlagen mit 600, 800 und auch 1000 Volt Spannung im Betriebe.

Es ist sehr günstig, daß Trolleybuslinien immer mit der Spannung betrieben werden können, mit der elektrische Straßenbahnen versehen wurden. Ein Umbau von Kraftanlagen ist also niemals

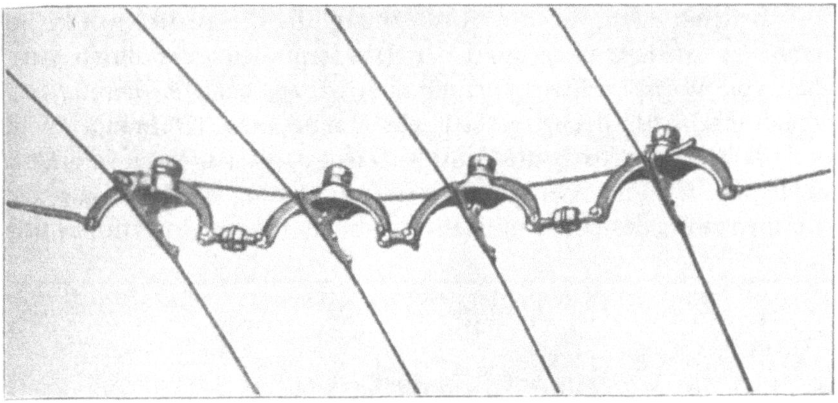

Abb. 39. Fahrdrahtleitungen (doppelt zweipolig) in der Geraden.

erforderlich und das Personal, welches die Stromanlagen bei der Straßenbahn bediente und reparierte, kann ohne jede Umlernung im Trolleybusbetriebe verwandt werden. Das ist ein sehr wesent-

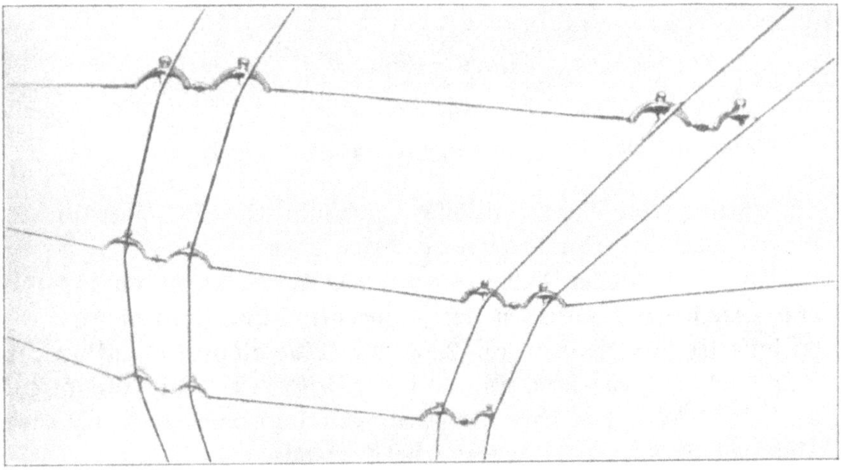

Abb. 40. Doppelte zweipolige Leitungen in Kurven.

liches Moment, gilt aber im wesentlichen auch für die Unterhaltung der Fahrzeuge selbst. Gegenüber der völligen Personalumlernung bei dem Ersatz von Straßenbahnen durch Benzinomnibusse ist das ein sehr erheblicher Vorteil zugunsten des

Trolleybusses. Da auch das Fahren der Trolleybusse mit dem Fahren von elektrischen Straßenbahnwagen überaus viel Ähnlichkeit hat, ist auch das Erlernen des Fahrdienstes eine Kleinigkeit.

Bedenkt man, welche Ausdehnung die Elektrizitätswerke in manchen Städten oder durch Überlandzentralen oder durch Ausbau von Wasserkräften angenommen haben, dann ist deren wirtschaftliche Ausnützung einfach ein Gebot erster Ordnung. Weil der Trolleybusbetrieb diese Stromerzeugungsanlagen unverändert beibehält, ja ihre viel intensivere Ausnützung gestattet als die Straßenbahn, deshalb empfiehlt sich auch aus diesem Grunde die

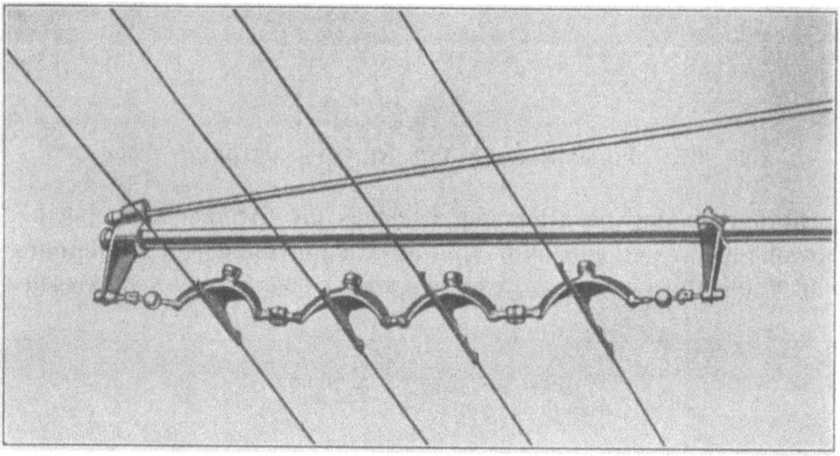

Abb. 41. Doppelte zweipolige Leitungen an Mastenauslegern.

Einrichtung von Trolleybuslinien. Ausführlich wird über diesen Punkt noch im Schlußkapitel zu reden sein.

Die Endschleifen haben meist einen Wendekreis von 15,50 m und kosten nach Angaben der englischen Firma Ransomes, Sims & Jefferies im Neubau ca. 3000 M. Eine doppelte Luftweiche stellt sich auf ca. 2000 M. und der Kilometer Fahrleitung auf ca. 12 500 M. (alles nach Angaben von Ransomes und inklusive Materiallieferung, bei Montage in England).

Richard Garrett & Sons gibt den Preis des Wendekreises mit 3000—4000 M., den des Kilometers Stromleitung auf 1600 bis 1950 M./km an.

Wie schon erwähnt, ist die Lösung des Stromnehmerproblems, das in der ersten deutschen Betriebszeit so vieles Kopfzerbrechen gemacht hat, inzwischen seit geraumer Zeit glänzend erreicht

Abb. 42. Englische Landstraße mit doppelter zweipoliger Trolley-Leitung.

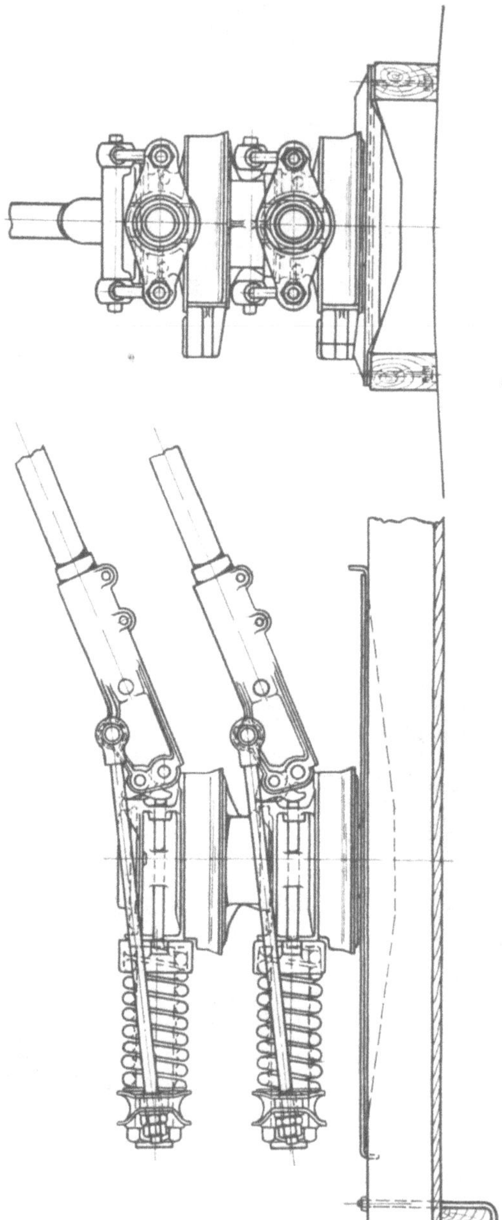

Abb. 43. Kontaktstangen-Lagerung, Rich. Garrett & Sons.

worden. Und zwar ist man im Prinzip zur Diksinrolle nach Abb. 12 zurückgekehrt, die natürlich starke Modifikationen erfahren hat, wie sich noch zeigen wird. Aber immerhin ist gerade die einfache Rolle, die man immer abgelehnt hatte, das geeignete Stromabnehmerelement geworden. Eine ebenso rationelle und endgültige Lösung hat die Kontaktstangenfrage gefunden. Daß

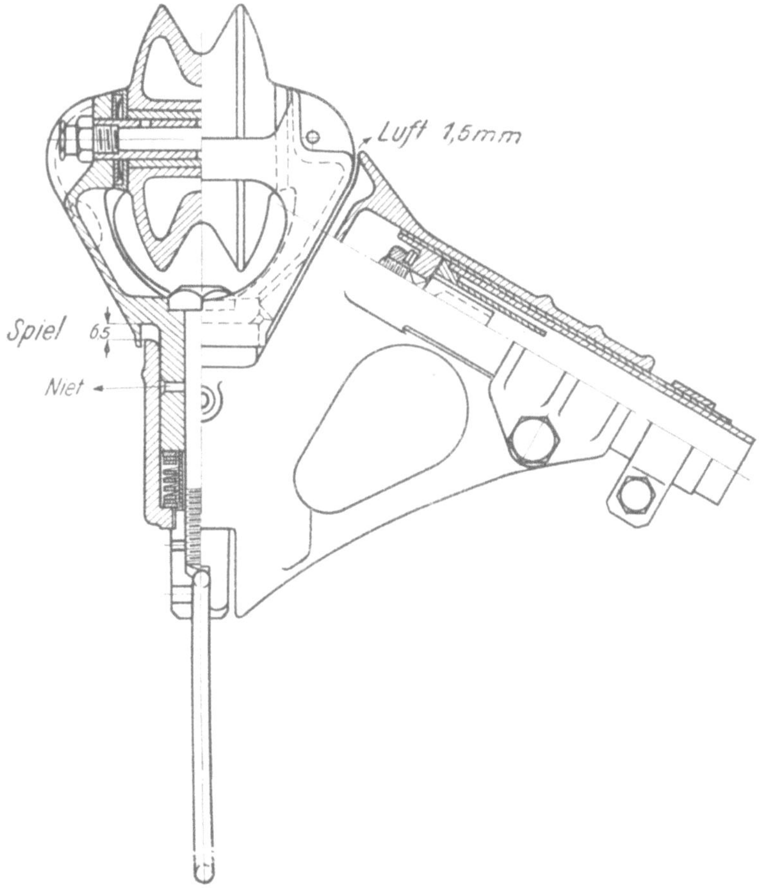

Abb. 43a. Kontaktrollen, Rich. Garrett & Sons.

sich die ursprünglich auch versuchte Einstangenanordnung mit Benützung des Stangenaußenrohres als Leiter unter Einfügung eines Kabels ins Innere des Rohres als zweiter Leiter nicht bewähren konnte, ist klar. Alle anderen Lösungsversuche sind ebenfalls verschwunden. Man ist endgültig zur zentrisch, pivotartigen Lagerung von zwei Stangen übereinander nach Abb. 43 gelangt, wobei beide unter Federdruck stehenden Stangen (aus

Stahlrohren hergestellt) einzeln um 360° schwenkbar und herabziehbar eingerichtet sind. Die beiden Stromdrähte liegen nahe beieinander. Das Maß ihrer Entfernung wird von den örtlichen Verhältnissen bedingt, kann aber sehr gering gehalten werden.

Die Länge der Kontaktstangen richtet sich einmal nach der Höhe der Fahrdrahtlage (ist also ebenfalls von örtlichen Verhältnissen bedingt) und zweitens nach der verlangten Ausweichemöglichkeit für die Wagen.

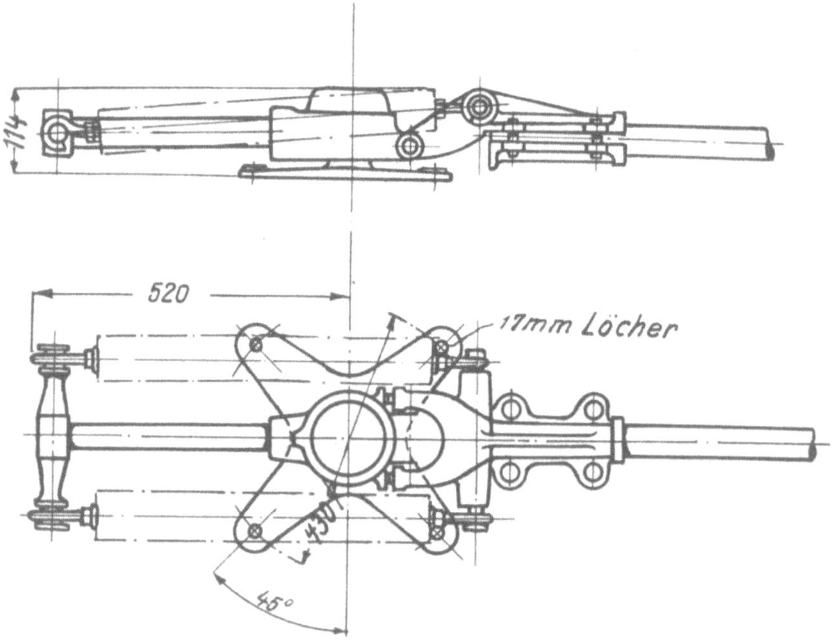

Abb. 44. Kontaktstangen-Lagerung, English Electric Co.

Garrett & Sons verwendet z. B. in der Regel Stangen von 5800 mm Länge. Das gesamte Stromführungsmaterial ist in England schon seit Juli 1914 für die Trolleylinien durch behördliche Bestimmungen bis in Einzelheiten hinein behördlich festgelegt.

Die Anpressungskraft für die Kontaktrollen wird neuerdings verhältnismäßig gering gehalten. Garrett & Sons z. B. wenden Anpressungsdrücke von ca. 7—7,5 kg an. Die Ausführung der Kontaktstangen-Lagerung resp. Rollenköpfe erfolgt jetzt im Prinzip überall in England fast gleichartig. Die konstruktiven Details weichen nur wenig voneinander ab, wie das die Abb. 43 und 43a (Garrett & Sons) und Abb. 44 und 44a (English Electric Co.)

erkennen lassen. Die Konstruktion ist also recht einfach geworden, erfüllt aber trotzdem alle Anforderungen, die eine hohe Fahrgeschwindigkeit (auch in Kurven) voraussetzt. Das Abspringen der Rollen vom Fahrdraht gehört zu den größten Selten-

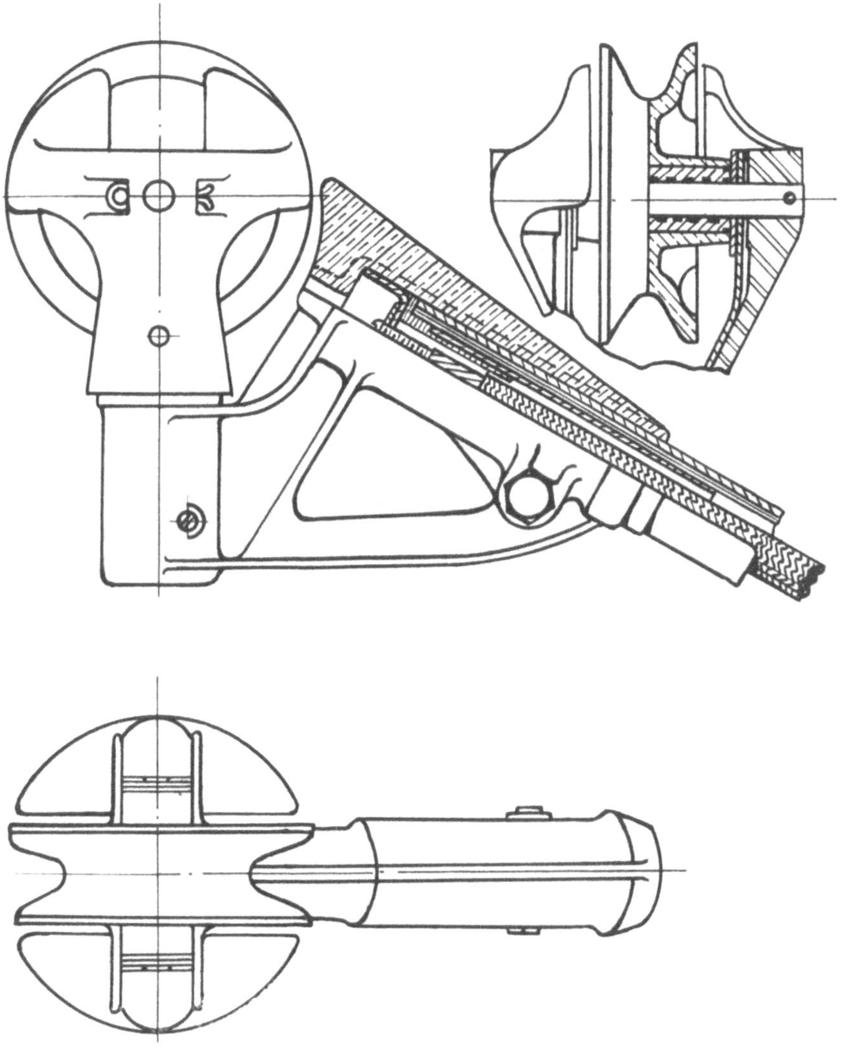

Abb. 44a. Kontaktrollen, English Electric Co.

heiten. In Kopenhagen z. B. kam an Fahrzeugen englischer Bauart in zweijährigem Betriebe auf je 1000 km Fahrstrecke kaum ein Abspringen.

Das Wesentliche bei der Konstruktion der Stromabnehmerköpfe ist allein die unter geringem, aber ausreichendem Federdruck stehende *universelle* Rolleneinstellung.

Auf einen eigenartigen Irrtum soll hier noch eingegangen werden, der mir auf dem Kontinent immer wieder vorgehalten wurde: Man nimmt an, die Kontaktstangen störten beim Ausweichen mit gewöhnlichen Straßenfahrzeugen diese begegnenden, oft hochbeladenen Pferdefuhrwerke. Es ist unerfindlich, wie ein solcher Irrtum aufkommen kann. Die zahlreichen Bilder dieses Buches zeigen, daß solche Befürchtungen grundlos sind. Die Fahrdrähte liegen beim Trolleybus fast genau so hoch wie bei der Straßenbahn und die Stromabnehmer können so angeordnet werden, daß sie schon mit ihrer Basislage so hoch liegen, daß Kollisionen ausgeschlossen sind.

Abb. 45. Serie von Trolleybussen, Rich. Garrett & Sons.

Die Pivotlagerung beider Stangen in einem Drehzentrum ist weitaus vorzuziehen und es ist unverständlich, warum *Scemia* (siehe Abb. 32) wieder zur Einzellagerung zurückgegangen ist.

2. Trolleybusse.

Die Durchbildung der Fahrzeuge ist nun das entscheidende Moment, welches die wirkungsvolle Einführung des Systems mit sich brachte. Die Vorkriegs-Trolleybusse (letzten Endes nichts als mangelhaft umgebaute, gering verstärkte Pferdezugomnibusse oder gering veränderte, aber natürlich immer verschwächte Straßenbahnwagen, also eine höchst unglückliche Verquickung) waren mit allen Mängeln des damals noch in den Kinderschuhen steckenden Kraftomnibusbaues behaftet. Aber besonders nach dem Kriege ist die Zusammenfassung aller Erfahrungen und Kenntnisse aus dem modernen Kraftomnibusbau dem Trolleybus restlos und eigentlich, man kann nur sagen, blitzschlagartig zugute gekommen. Mit einem Schlage, ohne jede Entwicklung, ohne jede Zwischenstufe standen vollendete Fahrzeuge da. Die elektrische Einrichtung an sich war erprobt und in den langen Jahren elektrischer Bahnbetriebe gründlichst verbessert. Übertrug man jetzt deren vorzügliche Einrichtungen auf modernste Omnibusse, so waren eben die vorzüglichen Fahrzeuge da, die wir so momentan entstehen sahen.

Abb. 46. Doppeldeck-Trolleybus der Ransomes, Sims & Jefferies Ltd.

Es ist daher zwecklos, über die fahrzeugtechnische Ausbildung der Vorkriegswagen auch nur noch ein Wort zu verlieren und wir beginnen sofort mit diesen neuen Fahrzeugen. Daß die Herstellung derselben fast immer in Serien erfolgt, weil die englischen Städte immer zu Bestellungen ganzer Wagengruppen übergehen, zeigt Abb. 45. Einen der ersten neueren Doppeldecker, der auf der Londoner Lastwagenausstellung im Herbst 1927 nicht geringes Aufsehen erregte, gibt Abb. 46. Hier sei gleich grundlegend bemerkt, daß die uns eigenartig anmutende Breiten-

Achsenzahl	Fabrikat und Type	Sitzplätze	Zahl der Motoren	Motorstärke PS	Achsantrieb	Bremsen	Reifen	
							vorn	hinten
2	Assoc. Daimler Modell 662 T	30—34	1	66	S	Fuß. 4 Luft. 4 Hand. h.	38×8¼″ L.	38×8¼″ L.
2	Modell 661 T	50—52	1	66/80	S	Fuß. 6 Luft. 6 Hand. h.	36×8″ L.	38×9″ L.
2	Garrett & Sons Type O	32	1	50	S	v. h.	40×8″ L.	40×8″×2 L.
2	Ransomes, Sims & Jefferies Type C	35	1	50	S	G. h.	38×7″ L.	38×7″×2 L.
2	Type D	35—52 Do.	1	50	S	G. h.	38×7″ L.	38×7″×2 L.
3	Bristol, Type E	60 Do.	1	60/80	S	G. h. 4	36×8″ L.	36×8″ L.
3	English Electric Co.	56 Do.	1	80	S	G. Luft. 6 Hand. 4	L.	L.
3	Garrett & Sons Type OS	60 Do.	1	60	S	G. Fuß. 6 h. 4	40×8″ L.	40×8″ L.
3	Guy, Type BT	60—70 Do.	1	60	S	h. 4	36×8″ L.	36×8″ L.
3	Karrier-Clough-Smith Type E 6	60 Do.	1	60/80	S	Luft. h. Hand. G.	36×8″ L.	36×8″ L.
3	Ransomes Sims & Jefferis	60 Do.	2	65	S	Sechsradbremse	36×8″ L.	36×8″ L.
3	Assoc. Daimler Modell 664 T	35—37	1	66/80	S	Fuß. 6 Luft. 6 Hand. 6	36×8″ L.	36×8″ L.
3	Modell 663 T	60—65 Do.	1	66/80	S	dgl.	36×8″ L.	36×8″ L.

Abkürzungen: Do. = Doppeldecker
Fuß. = Fußbremse
Luft. = Luftdruckbremse
Hand. = Handbremse
v. = vorn

Radstand	Spurweite	Ganze Länge des Fahrgestelles	Karossable Länge	Boden-freiheit	Höhe bis Oberkante Langrahmen	Radius des Wendekreises in m	Fahrgestell Gewicht kg	Bemerkungen
5180	v. 1931 h. 1785	8222	—	—	546	18,30	3200	Westinghousebremse, Hinterachsübersetzung 7,33 : 1
4740	v. 1931 h. 1785	7600	—	—	533	17,40	3300	Westinghousebremse, Hinterachsübersetzung 7,33 : 1
4524	1868	7930	—	254	737	15,86	3960	Fußbremse und Handbremse auf alle vier Räder
4422	2007	7930	6583	266	711	15,76	3400	Vorderer Einstieg, Motor vorn vor resp. über der Vorderachse
4575	2007	7930	6583	266	711	16,00	3420	Mittlerer Einstieg. Motor hinter der Vorderachse
5795	1868	8819	7377	147	620	19,80	4670	Westinghousebremse mit Fußbetätigung auf alle vier Treibräder. Handbremse (Getriebe)
5032	—	—	—	—	690	—	—	Elektrische Getriebebremse, Luftdruckbremse auf alle sechs Räder, Handbremse auf alle vier Tiebräder
4854	1868	8108	—	254	737	16,47	4930	Westinghousebremse. Fußbremse auf alle sechs Räder. Handbremse auf Vorderräder und eine Hinterachse
4994	1881	8158	6958	254	610	19,52	4060	Hand- und Fußbremse nur auf die vier Hinterräder
5340	v. 2002 h. 1982	8210	—	267	635	17,53	4060	Als Eindecker 36 Sitze. Hinterachsübersetzung 9,66 : 1 Westinghousebremse auf alle vier Hinterräder
4750	1998	7930	6710	266	508	16,50	4670	Sechsradbremse mit zwei Bremsbackensätzen in jedem Rad. Handbremse betätigt nur einen Satz, Westinghouse-Fußbremse bd. Sätze
5568	v. 1967 h. 1900	9023	× 1220	—	546	18,30	4270	Außerdem Stehplätze für 12 Personen. Westinghousebremse. Hinterachsübersetzung 8,66 : 1
5032	v. 1967 h. 1900	8158	× 1220	—	546	16,50	4270	Westinghousebremse Hinterachsübersetzung 8,66 : 1

h. = hinten
G. = Getriebebremse
L. = Luftbereifung
× = Radstand des Hinterachssatzes

4 = alle vier Räder
6 = alle sechs Räder

einziehung des Oberdecks einen sehr wichtigen Grund hat. Auch englische Städte haben enge Straßen und beim Begegnen usw. geht es manchmal in der Breite haarscharf her. Da moderne Trolleybusse immer Luftbereifung tragen, würde beim Platzen oder auch sonst Luftleerwerden eines Hinterreifens sofort durch die Seitenneigung ein Herausragen der oberen Teile des hohen Aufbaues eintreten. Abb. 47 zeigt, wie sich das Fahrzeug nun bei einem solchen Zwischenfall eigentlich nur seitlich senkrecht

Abb. 47. Guy Motors Ltd.
Senkrechtstellung der Seitenwand
bei einseitigen Pneudefekten.

stellt. Selbstverständlich wirkt die obere Einziehung des Deckes auch mit bei der günstigen Schwerpunktlage des Omnibusses. Abb. 48 zeigt daher sehr instruktiv, welche Aufmerksamkeit man dieser Standfestigkeits- und Kippgefahrfrage in England widmet.

Die Eindecker-Omnibusse waren der Ausgangspunkt auch nach dem Kriege, werden aber heute entweder nur in Mittelstädten oder im Überlandverkehr verwandt, obgleich damals auch schon Doppeldecker im Betriebe waren. (Abb. 49 zeigt einen Eindecker, gebaut von der Assoc. Equipment Co. für Holland bei der Eröffnung einer neuen Linie). Der Doppeldecker hat besonders im Großstadtverkehr (infolge seiner höheren Wirtschaftlichkeit) eine fast ausschließliche Anwendung gefunden.

Will man wegen äußerer Gründe im Großstadtverkehr den

Abb. 48. Guy Motors Ltd. 45° Neigung ohne Kippgefahr.

Doppeldecker nicht, dann wird unter gewissen Voraussetzungen auch der Anhänger angewandt (Abb. 50, Kopenhagen). Die Durchbildung dieser Anhänger erfolgt dann aber nach neuzeitlichsten Grundsätzen (Luftdruckbremsen vom Triebwagen aus, Speziallenkung mit genauer Spurfolge hinter dem Vorderwagen usw.).

Abb. 49. Eindecker-Omnibus für Holland.

Ein interessantes Bild, einen Trolleybus in Lima (Peru), zeigt nun noch Abb. 50a. Er ist bestimmten örtlichen Verhältnissen gut angepaßt (Hintereinstieg usw.) und soll nur das Situationsbild vervollständigen, welches dieser erste Überblick zu bieten

Abb. 50. Garrett-Trolleybus mit Anhänger in Kopenhagen.

hat. Es wird später noch auf die einzelnen Wagentypen ausführlich eingegangen werden. Die Tabelle auf S. 66/67 gibt nun noch ein Augenblicksbild hinsichtlich der Zahl und Ausführung der von den einzelnen Fabriken hergestellten Wagentypen.

Zunächst interessiert uns hier die elektrische Einrichtung der Fahrzeuge, hinsichtlich deren sich in England (trotz Verschiedenheiten im einzelnen) eine stark fortgeschrittene Standardisierung ausgebildet hat.

a) Elektrische Einrichtung.

Ich erwähnte schon, daß in England in der Regel Stromspannungen von 500—550 Volt angewandt werden. Die Aus-

Abb. 50a. Garrett-Trolleybus in Lima (Peru).

bildung der Motoren ist stark vereinheitlicht. Die gut ventilierte Motortype hat sich meist aus der im Straßenbahnbetriebe bewährten Reihenschlußkonstruktion mit Wendepolen entwickelt und herrscht vor. Die Motoren sind stets stark überlastbar (oft bis zum Verhältnis 3:5). Beim Zweiachser-Trolleybus dominiert noch der 50 PS-Motor (Abb. 51 und 51a, Motor von Garrett & Sons), aber er wird schon jetzt durch 60 oder gar 66 PS-Motoren verdrängt. (Abb. 52 und 52a zeigen den Motor und den Kollektor der Firma Ransomes.) Meist wird eine ganz geschickte Kombination

Abb. 51. Motor von Garrett & Sons.

derart vorgenommen, daß Firmen, welche Eindecker und Doppeldecker bauen, für den Zweiachser denselben Motor verwenden, der für den Dreiachser als Eindecker verwandt wird. (Assoc. Equipment Co. usw.) Für Doppeldecker-Dreiachser kommt meist der 80 PS-Motor in Frage.

Abb. 51a. Motor von Garrett & Sons.

Abb. 52. Motor von Ransomes, Sims & Jefferies Ltd.

Über die Anwendung der elektrischen Bremse, weiter über die jetzt sehr propagierte Stromrückgewinnung usw. soll später noch geredet werden.

Einzelne Firmen (Engl. Electric, Ransomes) bauen die gesamte elektrische Einrichtung selbst, andere beziehen sie von guten Spezialfirmen (British Thomson-Houston Co. Ltd. usw.). Es ist immer ein Walzenfahrschalter verwandt, der durch Fußhebel (verschiedene Ausführungen sind patentiert) betätigt wird. Mit dem Fußhebel sind 5—10 Geschwindigkeitsstufen in Reihenschaltung erreichbar, meist in Verbindung mit einem Feldnebenschluß.

Abb. 52a. Rotor des Motors nach Abb. 52.

Abb. 53.
Fahrschalter, Garrett & Sons.

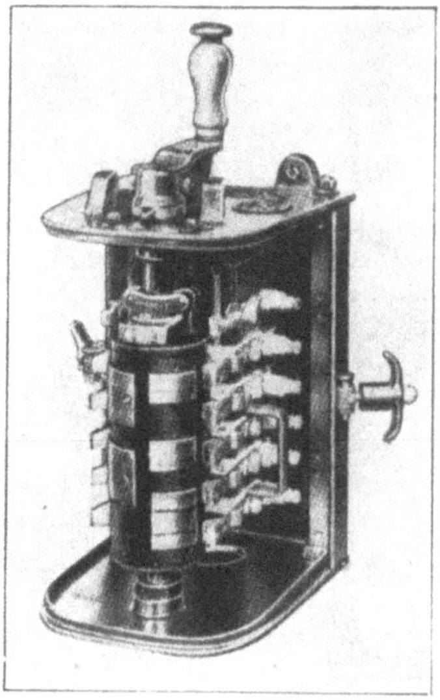

Abb. 54. Umsteuerschalter,
Garrett & Sons.

Die Umsteuerwalze dagegen wird durch einen Handhebel bewegt. Sie ist mit der Hauptwalze meist mechanisch verriegelt (Ransomes).

Den Fahrschalter von Garrett (Konstruktion Thomson-Houston) zeigt Abb. 53, den Umsteuerschalter, die Abb. 54 und Abb. 55 die einfache und übersichtliche Anordnung der Kontakte.

Die übersichtliche, aber gut zusammengelegte Anordnung der elektrischen Apparatur ist eine Eigenheit aller Trolleybusse.

Abb. 55. Kontaktanordnung, Garrett & Sons.

Bei der Anordnung von Garrett belastet der Nebenstrom die einzelnen Kontakte nur mit ca. 0,5 Amp., so daß ein Durchschmelzen derselben völlig ausgeschlossen ist, besonders auch bei langsamer Betätigung des Fußschalters oder bei nur teilweisem Kontakt der Klemmen. Das ist eine wichtige Unterscheidung gegen das System Ransomes. Diese Garrett-Anordnung bedingt einen kleinen Kontroller, geringen Kraftverbrauch bei der Betätigung und damit leichte Betätigung selbst.

Der Umsteuerschalter, auch hier handbetätigt, hat nur die Stellungen: an — vorwärts und rückwärts. Er ist mit dem Hauptkontroller elektrisch verblockt.

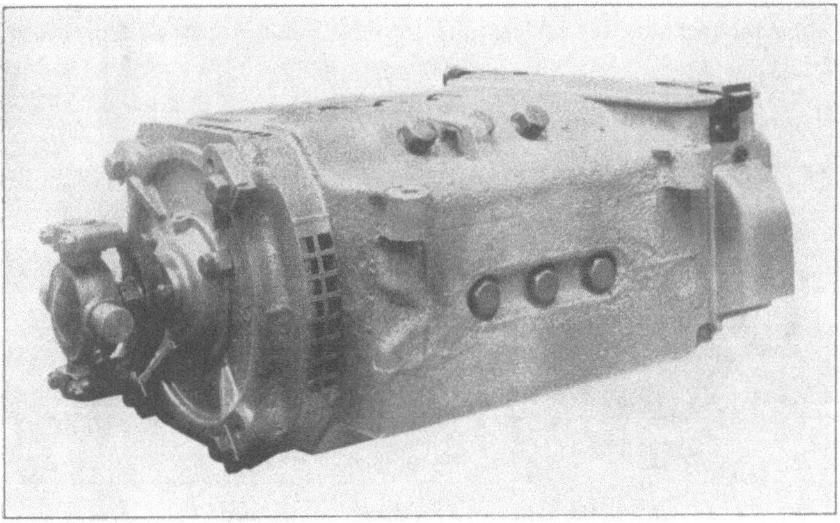

Abb. 56. 60 PS-Motor Type D. K. 121, English Electric Co.

Die English Electric Co. Ltd. in London (die schon vor dem Kriege 65 Trolleybusse, bis zum Jahre 1928 aber über 170 solcher geliefert hat) verwendet für zweiachsige Fahrzeuge den Motor von 60 PS Type D. K. 121 und für Doppeldecker die Zwillingstype zu 80 PS, bezeichnet als D. K. 122. Letzterer hat zwei Armaturen um eine Parallelschaltung zu erreichen. Beide sind selbstventilierend gebaut und haben eine eigenartige flach rechteckige Form, um eine niedrige und tiefe Lage im Fahrgestell zu erreichen (siehe Abb. 56 und 56a).

Den verwendeten Kontroller mit Fußbetätigung zeigt Abb. 57. Die Kontaktoren werden hier durch Nocken betätigt, welche auf der durch den Fußhebel geschalteten Nockenwelle sitzen. In der einfachen Ausführung arbeitet das Pedal über eine Ratsche mit Sperrklinke. Abb. 57 zeigt von oben nach unten die Kontaktoren mit den direkt darunter liegenden Ausblasspulen. Dann folgt die Nockenwelle und unten die Trommel für die Rückwärtsbewegung. Der ganze Apparat liegt in einem geschlossenen Gehäuse.

Beim Starten und beim Beschleunigen dreht sich bei jeder Pedalbewegung die Nockenwelle um je eine Kerbe weiter, schaltet den Widerstand aus und betätigt die Verbindung der einzelnen Serien, so lange bis die Vollstellung erreicht ist. Diese Sperrklinkenbewegung verhindert, daß durch zu schnelles Beschleunigen über einzelne Kerben hinweggeglitten wird, oder daß Kerben übersprungen werden, was zu Fahrstößen führen würde. Sie ist aber andererseits schnell genug, um eine hohe Fahrbeschleunigung

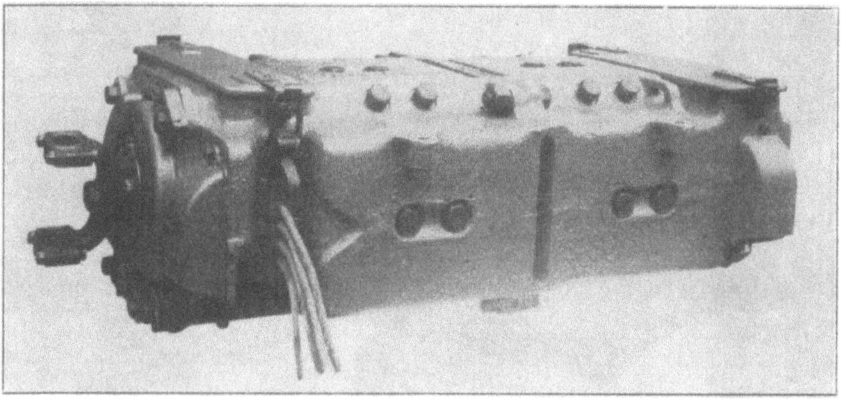

Abb. 56a. 80 PS-Motor Type D. K. 122, English Electric Co.

zu ermöglichen. Wird der Fuß vom Pedal genommen, dann geht der Kontroller sofort in die Schaltstellung „An“ zurück. Die Rückwärtsstrommel wird wie ein Straßenbahnwagen-Kontroller mit Handkurbel betätigt.

Mit dem Kontroller ist die elektrische Bremse verbunden, welche durch ein zweites Fußpedal betätigt wird. Durch dieses wird zunächst ein Umschalter betätigt, der in einem besonderen Kasten angeordnet ist.

Beschleunigungspedal und Bremspedal greifen nun so ineinander, daß der mit dem Bremspedal betätigte Bremsumschalter nur ausgerückt werden kann, wenn der Hauptkontroller in der Schaltstellung „An“ steht.

Dieses systematische Betätigen zweier Pedale im Großstadtbetriebe mit seinen tausend Zufällen erfordert nicht nur eine ziemliche Aufmerksamkeit des Fahrers, sondern auch, bei den zahlreichen Bremsungen, einen erheblichen Kraftaufwand. Um

Abb. 57. Kontroller, English Electric Co.

diese Arbeiten zu erleichtern und zu sichern, wendet die English Electric Co. neuerdings von Fall zu Fall auch druckluftbetätigte Kontroller an. Hier bedient der Fahrer mit dem Fußpedal nur ein kleines Luftventil, welches nun das Schalten mit Druckluft übernimmt. Bei der Anordnung von Luftdruckbremsen ist Druckluft sowieso vorhanden. Sonst wird ein kleiner Kompressor eingebaut. Die nachträgliche Anordnung der Luftbetätigung ist auch bei älteren Trolleybussen möglich.

Die elektrische Bremse ist im Prinzip eine Motor-Kurzschlußbremse und wirkt demzufolge auf die beiden getriebenen Hinterachsen des Fahrzeuges. Elektrische Bremsen dieser Ausführung sind sehr zuverlässig und wirksam, aber geschmeidig.

Über das bei Guy verwandte System Rees-Stevens wird im nächsten Abschnitt noch berichtet werden.

b) Bremsen.

Es ist eigenartig, daß fast im gesamten englischen Trolleybusbau heute die Westinghouse-Luftdruckbremse herrscht. Ihre sehr gute konstruktive Durchbildung, ihre sichere Wirkung und präzise Regulierung hat ihr diese Stellung gesichert. Dazu kommt die Kleinheit der Bremszylinder, die meist mit Membranen, also ohne Kolben ausgerüstet sind, was einen kompendiösen Zylinder ergibt. Über die Arten der Bremsen (Vierrad- oder Sechsradausbildung usw.) wird bei den einzelnen Fahrgestellen noch gesprochen werden. Der Wegfall oder in manchen Konstruktionen die Kleinheit und Einfachheit des Gestänges ist ein weiterer Vorteil.

Das wesentlichste Moment aller Trolleybusse ist aber die gute, einfache und sehr wirkungsvolle Strombremse, welche allen elektrischen Fahrzeugen eigen ist. Diese Strombremse ist sehr häufig mit einer Stromrückgewinnung beim Bremsen oder beim Bergabfahren verbunden. Die elektrische Bremswirkung beruht bekanntlich darauf, daß in der Bremsstellung der Elektromotor umgeschaltet wird zur Dynamomaschine und nun wird die Triebkraft des Fahrzeuges wirksam aufgezehrt vom inneren Widerstand der Maschine, die zur Stromquelle wird.

Eines der besten Systeme dieser Art ist das patentierte Rees-Stevens Control System, welches von der Firma Guy Motors Ltd. bei ihren Trolleybussen verwandt wird. Hier wird schon eine Kraftspeicherung vom Motor vorgenommen bei Geschwindigkeitsüberschreitungen des Fahrzeuges, weiter beim Bremsen und Bergabfahren. An sich hatte diese Art von Stromrückgewinnung oft den Nachteil, daß alle Lampen des Fahrzeuges durchschlagen, sowie durch einen Zufall der Oberleitungskontakt plötzlich unterbrochen wird, ebenso wenn plötzlich stark gebremst wird. Rees-Stevens verwenden nun nur einen speziellen

Compound-Motor, der allen diesen Zwischenfällen nicht unterliegt. Das System ist so durchgebildet, daß es nicht nötig ist, den Serienwiderstand einzuschalten, auch wenn die Fahrgeschwindigkeit unter 16 km/Std. liegt. Der Motor ist für eine Spannung von 500 Volt und 900—2500 Umdr./Min. gebaut. Der Kontroller selbst ist eine patentierte Trommeltype mit Nebenschlußregulierung. Der Hauptumschalter ist m e c h a n i s c h gekuppelt mit dem Kontroller, derart, daß der Fahrschalter nicht bedient werden kann, wenn der Umschalter auf „An" steht. Auch hier ist der Kontroller fußbetätigt.

Ein eigenartiges Bremssystem ist das der B u l l P a t e n t E d d y C u r r e n t B r a k e, welches Garrett verwendet. Das wesentliche Kennzeichen dieses Systems ist die Anordnung eines Spezial-Stahlrotors mit kurzem Stromkreis, am Ende der Motorwelle. Dieser Rotor ist umfaßt von einem besonders ausgebildeten Magnetfeldrahmen, derart, daß nur ein ganz minimales Spiel zwischen Rotor und Magnetfeldrahmen besteht, aber keinerlei Reibung zwischen beiden auftreten kann.

Der Bremseffekt ergibt sich nun einfach dadurch, daß der Widerstand zwischen dem Rotor und dem drehenden Magnetfeld den Rotor abbremst. Die Betätigung besteht darin, daß durch ein Fußpedal eine regulierbare Abstufung des wirksamen Stromes in den Feldwickelungen des Magnetrahmens erfolgt. Wird die Eddy-Bremse angebracht, dann wird immer ihr Pedal mit dem der mechanischen Fußbremse vereinigt.

Da es Prinzip aller Trolleybusse ist, die Schaltung aller Geschwindigkeitsstufen mit dem F u ß e vorzunehmen, um die Hände des Fahrers vollständig zur Lenkung verwenden zu können, ist das eine wesentliche Vervollständigung dieser Bestrebung.

Wir sehen also, daß das elektrische System eine ganze Anzahl Modifikationen gefunden hat, die es zu immer weiterer Vervollkommnung bringen. Es ist aber unnötig und würde viel zu weit führen, ausführlich auf alle Einzelheiten einzugehen.

Es wäre hier nur noch auf die vorzügliche Ausbildung der elektrischen Widerstände hinzuweisen, welche alle in unzerbrechlichen Ausführungen hergestellt werden. Die Stromunterbrecher sind fast immer automatisch.

c) B e r e i f u n g.

Über diese ist grundsätzlich zu sagen, daß die L u f t bereifung beim Trolleybus so gut wie restlos durchgeführt worden ist.

Und hier hat sie auch einen Sinn! Es ist bekannt, daß alle Luftreifen einen stärkeren Kraftverbrauch haben als Kissenreifen. Aber auf den guten englischen Straßen spielt das schon, besonders in Verbindung mit dem an sich geringen Kraftverbrauch der Trolleybusse selbst, keine wesentliche Rolle. So kommen nun alle die Vorzüge des Luftreifens (Geräuschlosigkeit, fast vollkommene Stoßfreiheit usw.) besonders dadurch zur Geltung, daß die nur mit rotierenden Kräften ohne Wechselgetriebe arbeitenden Elektromotoren der Trolleybusse weiter eine erhebliche Erhöhung der Lebensdauer der Luftreifen mit sich bringen (ca. 6 %).

Es ist eigenartig, daß beim Zweiachser selten Doppelbereifung der Hinterräder vorgesehen wird, weil man sie als unnötig erkannt hat. Oft, aber nicht immer, wird auf den Hinterrädern nur ein etwas stärkeres Profil verwandt.

Daß der Dreiachser die Luftbereifung auch aus Lenkungsgründen erhalten mußte (die Achsen sind in Hinsicht auf den Wendekreis starr und die Seitenverschiebung des Reifenkörpers ermöglicht das Kurvenfahren), muß erwähnt werden.

3. Die Fahrgestelle der englischen Trolleybusse.

a) Allgemeines.

Die konstruktive Durchbildung aller englischen Omnibusfahrgestelle hat in den letzten Jahren ganz bedeutende Fortschritte gemacht. Man kann kurz zusammengefaßt sagen, daß sowohl beim Zweiachser wie beim Dreiachser eine völlige Angleichung an die Benzin-Omnibusfahrgestelle erfolgt ist, ja noch mehr, daß einige Firmen überhaupt Fahrgestelle von Benzinomnibussen für den Trolleyzweck verwenden. Die Umwandlung ist meist sehr einfach und gestattet die fast sofortige Verwendung der sehr guten englischen Omnibusfahrgestelle, vergrößert die Herstellungszahlen und rationalisiert damit die Fabrikation. Man behauptet nicht zu viel, wenn man sagt, daß durch diese Verwendung moderner und höchst leistungsfähiger Fahrgestelle der Bau von Trolleybussen überhaupt erst die Ausdehnung gefunden hat, die wir heute feststellen müssen. Und die vorzüglichen Leistungen der Trolleybusse resultieren ihrerseits zum erheblichen Teile aus den ausgezeichneten, im allgemeinen Omnibuswesen erprobten Fahrgestellen.

Wenn die modernen englischen Omnibusfahrgestelle schon beim Benzinbetriebe so gute Fahreigenschaften aufweisen, dann müssen sich ganz zwangsläufig beim Trolleybus diese Eigenschaften in weit größerem Maße auswirken. Die ruhige, stetige, nur mit rotierenden Massen arbeitende elektrische Antriebsart, der Wegfall der Räderschaltgetriebe, die bessere (und vor allen Dingen die elektrische) Bremse der Trolleybusse muß bei modernen Fahrgestellen Eigenschaften ergeben, die weit über denen der Benzinbusse liegen. Hier wirken sich außerdem Niederrahmenbau, Luftbereifung, Gewichtsverminderung, verbesserte Federung usw. in stärkstem Maße aus.

Sind alle diese Eigenschaften und Vorzüge schon beim modernen Trolleybus Zweiachser-Fahrgestell zu beobachten, so gilt das in noch umfassenderem Maße für den Dreiachser. Ist man in England auch noch nicht zur Einführung der Schwingachse beim Dreiachser gelangt, so haben doch die englischen

Abb. 58. Balancierfederung „Guy".

Dreiachser allgemein sehr gute Fahreigenschaften und die Entwicklung der Fahrzeuge vom Geländewagen her (wie sie in England im Gegensatz zu der deutschen Entwicklung erfolgt ist) gab eine reiche und umfassende Erfahrung im Bau solcher Dreiachser. Wenn nun zum Teil die Fahrgestelle auch Eigenschaften aufweisen, die sich bei dem an die Straße gebundenen Trolleybus nicht voll auswirken können, so ist es auf jeden Fall besser, zu viel gute Eigenschaften zur Verfügung zu haben, als zu wenig. Ich erinnere hier vor allem an den Einbau von drei Differentialen in die resp. zwischen beide Treibachsen. Vor zwei Jahren hatte diese Konstruktion neben überzeugten Anhängern auch noch Gegner in England. Es ist zuzugeben, daß die Gegner besonders in den Reihen zu finden waren, welche diese Konstruktion (die Eigentum der englischen Heeresverwaltung ist, und damals nur an fünf englische Firmen im Lizenzwege vergeben wurde) nicht anwenden konnten.

Inzwischen haben sich auch in Deutschland Möglichkeiten zum Einbau von drei Differentialen in diesem Sinne gefunden (MAN, Vomag usw.), auch der neue, jetzt eben herauskommende schweizerische Dreiachser (Berna in Olten) hat drei Differentiale und auch in England ist die Gegnerschaft still geworden.

Die Sache hat nämlich noch eine andere Bedeutung. Zweifellos ergibt die Konstruktion an sich in jedem Falle, auch beim reinen Straßenfahrzeug, also nicht nur im freien Gelände, Vorteile. Die völlige Unabhängigkeit aller vier Triebräder, ihr Tragen und Treiben in jeder Radstellung ist immer eine sehr beachtliche Sicherheit, die sich mit fast keiner anderen Konstruktion erzielen läßt. Aber sie erleichtert auch hier weiter die Serien-

Abb. 59. Ausbau des Bogies beim Guy-Dreiachser.

fabrikation. Man verwendet nämlich in England vielfach speziell hergestellte Hinterachssätze (Bogies), welche immer die Anordnung von drei Differentialen aufweisen, sowohl für Geländewagen, als für Benzinbusse, als auch für Trolleybusse und auch für Schwerlastwagen auf der Straße. Das ergibt wiederum eine einfache reihenmäßige Fabrikation und Verbilligung der Herstellung. Eine Modifikation erfolgt lediglich durch Anordnung schwächerer Federn bei Bogies für geringere Tragfähigkeiten und die Wahl anderer Räder resp. Bereifungen. Am Treibachssatz als solchem wird also nichts geändert.

Die Durchbildung der Bogies mit drei Differentialen ist ohne die vorzügliche Balancierfederung (siehe Abb. 58) gar nicht zu denken. Sie gibt Fahreigenschaften (Stoßhalbierung und Stoßübertragungen auf beide Achsen) wie sie in ähnlicher Weise nur von der Schwingachse erzielt werden können. Die nur reifengefederten Massen sind obendrein sehr gering und daraus resultiert der ruhige Wagenlauf zu einem sehr erheblichen Teile. Wie die leichte Einbaumöglichkeit der Bogies die Fabrikation, aber auch die Reparatur der Fahrzeuge sehr erleichtert, ergibt sich sehr instruktiv aus Abb. 59.

Abb. 60. Fahrgestell Type C. Ransomes, Sims & Jefferies Ltd.

Über die verschiedene Lage der elektrischen Antriebmotoren wird weiter unten noch Näheres ausgeführt werden. Sie ist von großem Einfluß auf die Aufbauten selbst.

Ob in Zukunft nicht hinsichtlich des Fahrgestelles auch oder eigentlich gerade für Trolleybusse eine ganz erhebliche Änderung und Vereinfachung eintritt, soll hier kurz erwähnt werden. Von Amerika kommt und greift auch schon (Bauart Büssing-Hawa-

Abb. 61. Fahrgestell Type D. Ransomes, Sims & Jefferies Ltd.

Hannover) der sogenannte Zwillingsomnibus zu uns herüber: die Vereinigung von Fahrgestellrahmen und Aufbau zu einer organisch verbundenen Einheit. An sich ist es ja gerade im Omnibusbau ein Unding, erst einen schweren Tragrahmen als Fahrgestellgrundlage zu bauen und auf diesen einen in sich nun wieder zum größten Teil selbsttragenden Aufbau aufzusetzen. Warum

Abb. 62. Fahrgestell O, Garrett & Sons.

man bisher nicht auf die gerade beim Omnibus greifbar naheliegende Idee gekommen ist, Fahrgestellrahmen und Aufbau zu einer tragenden Einheit zu vereinigen, ist ein Beispiel für die Umwege und Irrtümer, welche leider allen menschlichen Konstruktionen anhaften. Die Omnibuskarosserie kann sehr einfach so stark (und dabei obendrein leicht) — ausgeführt werden, daß in ihre unteren Rahmenverbindungen lediglich die Maschine eingesetzt wird, meist in Fahrzeugmitte, und an den Fahrzeugenden das Laufwerk. Die Bogieanordnung bei Dreiachsern fordert obendrein geradezu zu dieser Konstruktion heraus.

Wenn aber eine Omnibusart für diese zwingende Konstruktion gewählt werden soll, dann gibt es keine geeignetere als den Trolleybus. Hier ist die Maschinenanlage denkbar einfach, arbeitet fast vibrationsfrei, bedarf kaum einer Pflege, ist sauber und wärme- und auspuffrei. Hier liegen Felder brach für deutsche Konstruktionen, die mit einem Schlage ein bedeutendes Übergewicht gegenüber englischen Trolleybuskonstruktionen erzielen

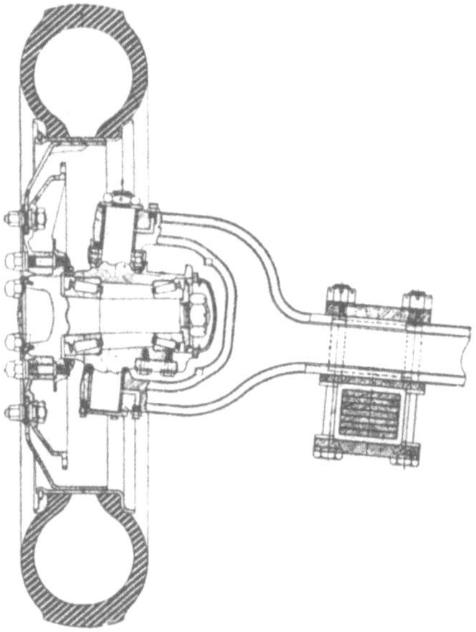

Abb. 63.
Vorderachse und Vorderrad, Garrett & Sons.

lassen! Es gibt noch manche Morgenröten, die noch nicht geleuchtet haben!

Zudem ist die Zwillingskonstruktion ohne weiteres auch für Benzinbusse brauchbar und so ergibt sich hier eine universell im Omnibusbau anwendbare Konstruktion, welche rationelle Fabrikation ermöglicht, wesentliche Gewichtsverminderungen erzielen läßt und außerdem neue Exportmöglichkeiten schafft.

Nun wollen wir uns im einzelnen die englischen Trolleybusfahrgestelle etwas näher ansehen und ich beginne mit

b) den zweiachsigen Fahrgestellen.

Die Firma Ransomes, Sims & Jefferies Ltd. in Ipswich baut zwei Typen zweiachsiger Fahrgestelle. Einmal als Type C mit

Anordnung des Motors vorn im Fahrzeug, über der Vorderachse, also an der Stelle, an welcher beim Benzinbus der Motor sitzt. Abb. 60 zeigt das Fahrgestell und dazu im Gegensatz Abb. 61 die Type D die Motoranordnung zirka in Fahrgestellmitte. Die letztere Konstruktion ergibt die größere karossable Länge, resp. die günstigere Raumausnützung für den Aufbau. Bei beiden Konstruktionen kann Vordereinstieg oder Hintereinstieg oder Mitteleinstieg angewandt werden. Die Fußbodenhöhe ist bei Vordereinstieg 660 mm, bei Hintereinstieg kann die Plattform bis auf 343 mm heruntergezogen werden. Die Fahrgestelle (Abmessungen, Bereifung usw. ergeben sich aus der Tabelle auf Seite 66/67) haben außerordentlich lange und schmiegsame Federn

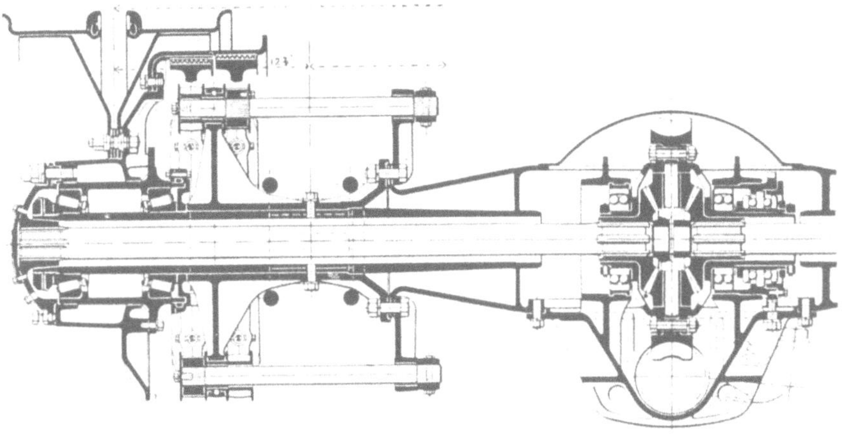

Abb. 64. Hinterachse, Garrett & Sons.

(vorn 1450, hinten 1680 mm lang). Das Motordrehmoment wird durch eine, bei Type C geteilte und einmal unterstützte, bei Type D freischwebende hohle Kardanwelle (mit Kardangelenken an beiden Enden, deren Kupplungen sowohl mit der Motorwelle wie der Schneckenwelle durch Längsnuten verschiebbar angeordnet sind) in die Antriebschnecken der Hinterachse geleitet. Die Hinterachse ist (in der Mitte in Beckenform für das Differentialgehäuse) aus Stahl geschmiedet und enthält ein kräftiges Spezialschneckengetriebe. An jedem Ende der Hinterachse ist ein schwerer Stahlgußansatz angegossen, der die Bremsbacken mit ihren Nocken trägt. Über die Bremse wurde im Kapitel Bremsen bereits alles Wichtige gesagt.

Alle Lager im Fahrgestell sind Rollenlager. Nur die Schnecken- resp. Differentialschmierung erfolgt mit Öl, sonst mit Tecalemit (Einzelnippel durch Fettpresse).

Auf Lenkung und Schaltung ist besondere Sorgfalt verwandt. Über letztere ist Näheres im Kapitel III, Abschn. 2a gesagt.

Die Fahrgestelle von Garrett & Sons werden in den Abb. 62 bis 65 gezeigt, und zwar gibt Abb. 62 eine Ansicht und Abb. 62a eine Konstruktionszeichnung des Fahrgestelles Type O, Abb. 63 die Vorderachse, 64 die Hinterachse und 65 Details der

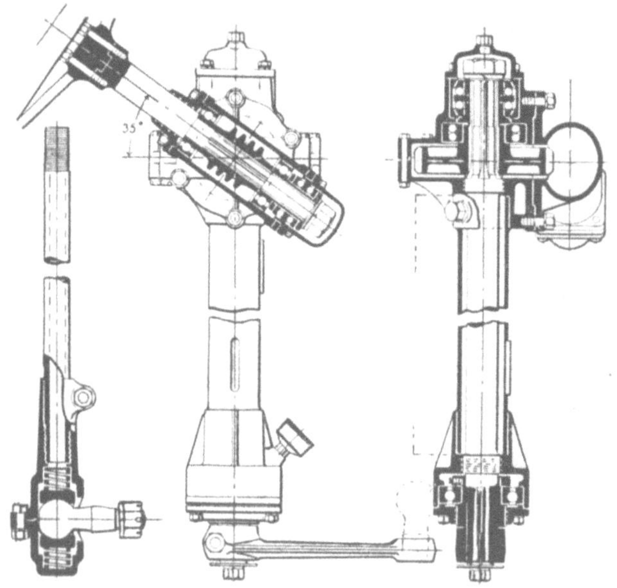

Abb. 65. Lenkung, Garrett & Sons.

Lenkung. Abmessungen, Motorstärke, Reifenabmessungen, Gewichte usw. sind aus der Tabelle auf Seite 66/67 zu ersehen.

Der Motor liegt auch hier fast in Fahrzeugmitte, die Lenkung weit vorn, mit eigenartiger Diagonalverlegung der Lenkstange. Die Fußbremse wirkt mit Innenbacken auf die Hinterräder, eine Außenbackenbremse auf die Getriebewelle am hinteren Ende des Motors.

Das zweiachsige Fahrgestell der English Electric Co. Ltd. zeigt Abb. 66. Da bei Ausrechnung der Tabelle die Maße dieses Fahrgestelles noch nicht vorlagen, lasse ich sie hier folgen:

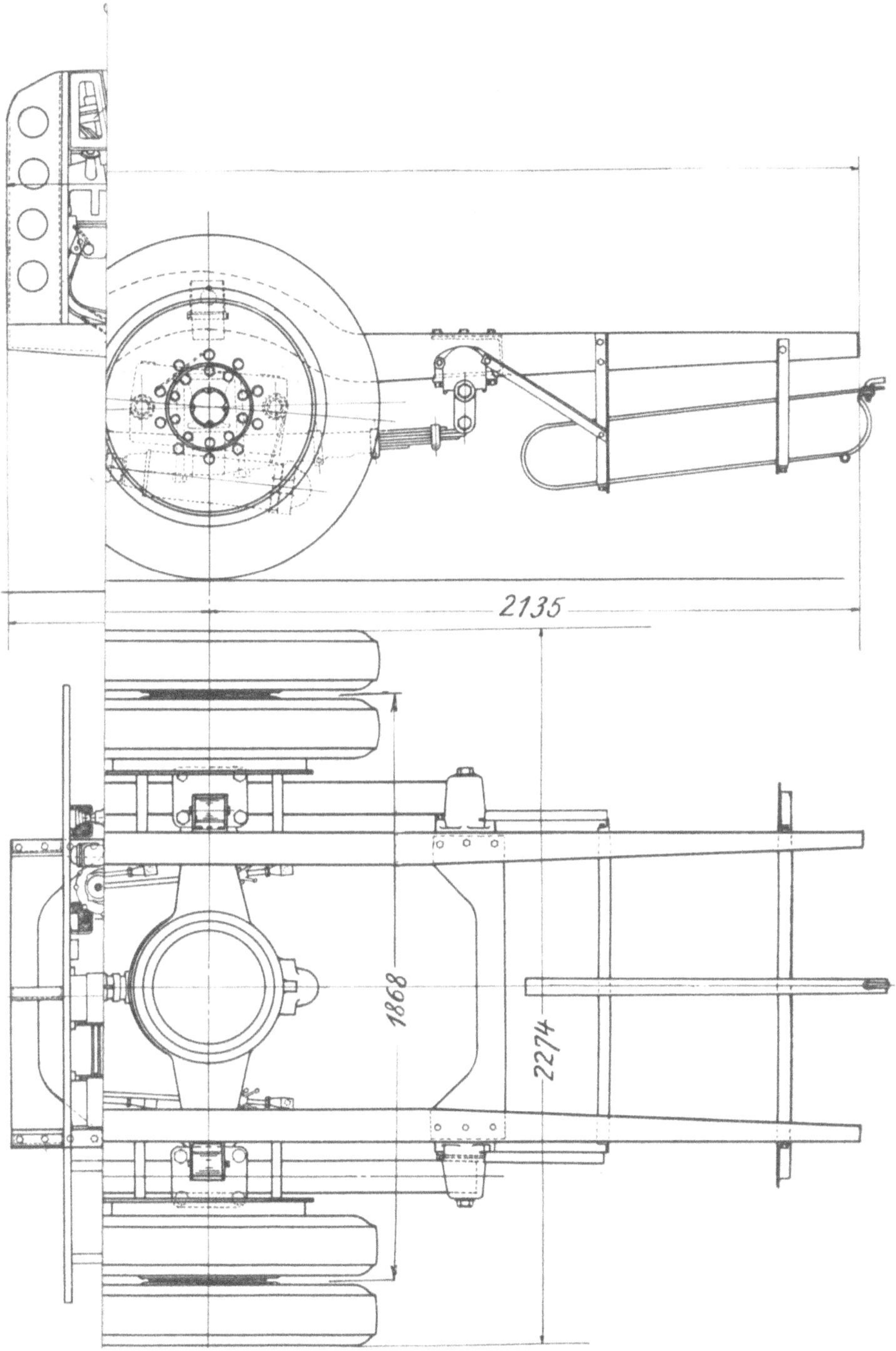
2135
1868
2274

Gesamtlänge 8387, Radstand 5032, vorderer Überhang 2440, hinterer Überhang 915 mm. Das Fahrgestell hat auf den Hinterrädern Doppelluftbereifung und ist als Niederrahmen so ausgebildet, daß der Fahrzeugfußboden nur 324 mm von der Straßenoberkante liegt. Der Motor liegt zirka in Fahrzeugmitte und ist als 60 PS-Motor sehr flach nach Abb. 56 ausgeführt. Es sind drei Bremssysteme angewandt: elektrische Bremse (genau wie beim Dreiachser dieser Firma), Handbremse, die auf eigenes Backensystem in den Hinterradbremstrommeln arbeitet und Westinghouse-Druckluftbremse auf alle vier Räder. Aus Abb. 66 geht die eigenartige Lage der Bremszylinder für jedes einzelne Rad gut hervor. Auffallend ist die sehr kompakte und zuverlässige

Abb. 66.
Zweiachsiges Trolleybus-Fahrgestell der English Electric Co., London.

Lenkung, welche beim Dreiachser genau in gleicher Weise ausgeführt ist. Deshalb ist es wichtig, auch Abb. 72 in dieser Hinsicht zu studieren, weil hier die Anordnung noch besser zu sehen ist. Der Kompressor für die Druckluftbremse liegt auf der einen Seite des Langrahmens (angetrieben von einem besonderen Elektromotor) und der Hilfsluftbehälter an dem anderen Langrahmen. Die vor ihm liegenden Widerstände sind selbstverständlich gekapselt. Der Antrieb vom Motor erfolgt durch Kardanwelle und über ein Schneckengetriebe zur Hinterachse.

Von den zweiachsigen Fahrgestellen der Assoc. Equipment Co. in Southall kann ich einstweilen nur kurze Angaben bringen, weil diese Firma, die sich an sich schon jahrelang mit dem Bau von Trolleybussen befaßt, in diesem Frühjahr mit neuartigen Fahrzeugen und Konstruktionen herauskommt, von welchen sie nur kurze Angaben machen kann. Wir sehen also, daß zwei Firmen von Rang (denn auch Tilling-Stevens ist in gleicher Lage) wichtige Umkonstruktionen beim Bau ihrer Trolleybusse vornehmen, um zu leistungsfähigsten und modernen Fahrzeugen zu kommen. Das ist ein Beweis, welche Bedeutung man in England dem Trolleybus beilegt.

Modell 662 T. ist für 30—34sitzige Eindecker-Trolleybusse bestimmt.

Abb. 67. Dreiachsiges Trolleybus-Fahrgestell von Ransomes, Sims & Jefferies.

Die Abmessungen ergeben sich aus der Tabelle auf Seite 66/67. Die Rahmenhöhe ist also sehr gering. Als Antriebmaschine wird ein 66 PS-Motor verwandt, der so konstruiert ist, daß eine Temperaturerhöhung auf 100° Celsius in den Widerständen und 90° im Comutator erst nach einer Stunde erreicht wird.

Er liegt vorn im Fahrgestell und arbeitet mit einer durch Spicergelenke versehenen Kardanwelle auf das Schneckengetriebe der Hinterräder.

Es ist ein Thomson-Houston Contactor-Kontroller mit fußbetätigtem Hauptkontroller verwandt. Rheostaten unzerbrechlicher Ausführung sind seitlich vom Langrahmen angebracht. Stromunterbrecher sind Fabrikat Thomson-Houston, die Stromabnehmer dagegen stammen von der Brockwell Willis Co.

Die Handbremse wirkt mit Außenbacken auf die Hinterräder, die Fußbremse mit inneren Backen auf alle vier Räder. Luftdruckbremse (Westinghouse) kann eingebaut werden.

Für zweiachsige Doppeldecker-Trolleybusse wird ein Fahrgestell Type 661 T verwandt (Maße siehe Tabelle). Die maschi-

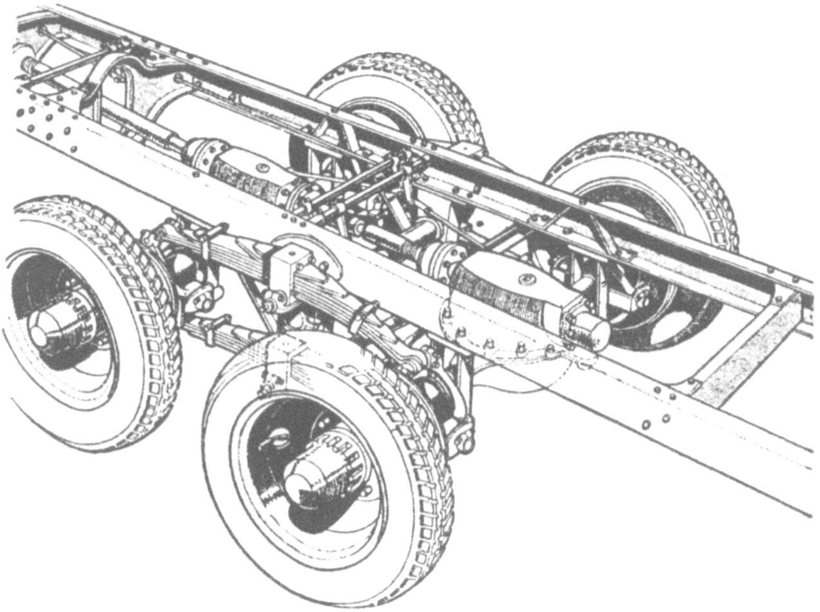

Abb. 67a. Hinterachssatz der John J. Thornycroft Ltd.

nelle Ausrüstung ist die gleiche wie bei Type 662 T. Nur wird hier ein 80 PS-Motor verwandt.

Auf jeden Fall werden die neuen Fahrgestelle, die in England mit Spannung erwartet werden, vorzügliche Eigenschaften aufweisen.

c) Dreiachsige Fahrgestelle.

Die wesentlichen Eigenschaften aller englischen Fahrgestelle habe ich bereits in der Einleitung zu diesem Abschnitt hervorgehoben, so daß ich mich hier auf kurze Beschreibungen der einzelnen Fabrikate beschränken kann.

Als das dreiachsige Trolleybusfahrgestell von Ransomes, Sims & Jefferies nach Abb. 67 auf der Londoner Lastauto-Ausstellung im Herbst 1927 gezeigt wurde, erregte es besonderes Aufsehen durch seine Konstruktion. Man brachte damals gerade die ersten Dreiachser, eigentlich zum ersten Male, vor eine größere Öffentlichkeit und nun hatte dieses Fahrgestell schon für den Trolleybus alle d i e Eigenschaften, welche damals gerade erst für den Benzinomnibus erzielt worden waren. Das gute Bogie, von der K i r k s t a l l F o r g e C o. in der Konstruktion der englischen Heeresverwaltung (mit drei Differentialen) geliefert, sicherte dem Fahrgestell sehr gute Fahreigenschaften. Inzwischen hat sich aber Ransomes infolge anderweitiger geschäftlicher Bindungen zur Verwendung des Bogies der Firma John J. T h o r n y c r o f t veranlaßt gesehen (Abb. 67a), das ganz ähnliche Eigenschaften hat.

Abb. 68. Einstellmöglichkeit der Hinterräder beim dreiachsigen Ransomes-Trolleybus-Fahrgestell.

Die Einzeleinstellung der Räder beim Ransomes-Dreiachser zeigt Abb. 68. Die Maße gehen aus der Tabelle Seite 66/67 hervor. Der 65 PS starke, mit 1000 Touren laufende Motor liegt fast in Fahrzeugmitte, und arbeitet mit der Kardanwelle, die mit Universalgelenken versehen ist, auf das Schneckengetriebe der vorderen Hinterachse über ein Differential. In der Weiterleitung des Antriebes zur zweiten Hinterachse (die ihr eigenes Differential hat) ist das schon wiederholt erwähnte dritte Differential in sehr kleiner kompendiöser Form eingebaut.

Als Bremse wird in der Hauptsache die Westingshouse-Druckluftbremse, die auf alle sechs Räder wirkt, verwandt. Deren motorgetriebenen Zweizylinder-Kompressor zeigt Abb. 68a. Von den mit Membran wirkenden Bremszylindern arbeitet je einer auf je ein Vorderrad, je einer auf zwei hintereinanderliegende Hinterräder. Sie wird mit Fußhebel betätigt. Außerdem ist natürlich elektrische Bremse und Handbremse vorhanden.

Der Führersitz liegt weit vorn im Fahrzeug, um dem Führer eine gute und bis kurz vor das Fahrzeug reichende Übersicht zu geben. Die Lenkung hat Doppelübersetzung.

Das Dreiachser-Fahrgestell von G a r r e t t & S o n s wird in der Abb. 69 gezeigt und Abb. 70 gibt noch eine Ansicht des Bogies. Die Hauptmaße ergeben sich aus der Zeichnung Abb. 69 und der Tabelle Seite 66/67.

Das Fahrgestell selbst ist ein Niederrahmen mit vorderer Aufkröpfung, einer weiteren Aufkröpfung über den Hinterachsen und weit heruntergezogenen hinteren Rahmenteilen. Der Motor (60 PS, 500 Volt, 1060 Touren) liegt nach Fahrzeugmitte zu

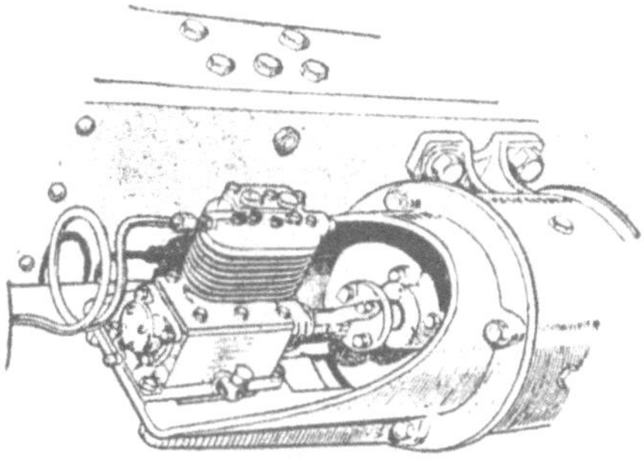

Abb. 68a. Ransomes, Sims & Jefferies.
Kompressor mit Antrieb-Konstruktion,

schräg nach unten im Fahrzeug und treibt mit Kardanwelle (vorn großes Universalgelenk) die Schnecke der ersten Hinterachse. Vor dem ersten Schneckengetriebe ist ein und zwischen den beiden Schnecken sind zwei Kardangelenke eingebaut, außerdem ist vor der ersten Schnecke die Kardanwelle teleskopartig ausgeführt, um bei Achsbewegungen spielen zu können. Die Abb. 70 läßt die ganz eigenartige Bogieausbildung gut erkennen. Die balancierartige Tragfeder liegt unter Achsmitte und über ihr sind auf jeder Seite zwei gelenkig verbundene Schwinghebel angeordnet, welche das Einzelspiel der Räder wohl ermöglichen, aber den Achsabstand halten. Eigenartig ist die Ausbildung der Hinterachsen selbst. An sich ist jede Achse auch hier gleich der Hinterachse des Zweiachsers, und besteht aus dem gepreßten Stahlmittelstück, in welches die von David Brown & Sons stammenden Schneckengetriebe eingebaut werden. Jede Schnecke hat ein Differential. Ein drittes Differential ist n i c h t vorhanden.

Die vollkommen entlasteten Triebachsen sind durch Augen der Feder und der eben erwähnten Schwinghebel hindurchgeführt mittels besonderer Nickelstahlzwischenstücke, in denen die Achsen auf Chromnickeltuben schleifen.

Abb. 70. Bogie von Rich. Garrett & Sons.

Die Vorderachsen sind gleich wie beim Zweiachser nach Abb. 63 ausgeführt. Hinsichtlich der Bremsen bestehen zwei Konstruktionen. Entweder arbeitet ein Bremszylinder auf die Vorderachse und mittels Gestängen mit Ausgleich ein zweiter auf die beiden Hinterachsen nach Abb. 69, oder es werden vier einzelne Bremszylinder mit direktem Angriff nach Abb. 70 angeordnet. Der Kompressor mit Motor liegt ähnlich wie beim Ransomes-Dreiachser, hinter ihm, rechts und links vom Rahmen, die Rheostaten. Die Handbremse wirkt auf die Antriebwelle und außerdem ist die bereits beschriebene Eddy-Courrent-Bremse (elektrisch) angebracht.

Den weiter oben schon gebrachten Bildern des Guy-Fahrgestelles füge ich noch eine Ansicht (Abb. 71) an, welche das sehr einfache, aber vorzüglich durchkonstruierte Fahrgestell zeigt. Hier liegt der Motor weit vorn, über der Vorderachse. Die Kardanwelle ist zweimal gelagert und arbeitet auf beide Hinterachsen über untenliegende Schneckenantriebe. Eigenartig ist die Ausbildung des Fahrgestellrahmens mit seinen Rohrquerträgern.

Guy verwandte bisher außer der (bei dem von ihm angewandten Rees-Stevens Kontrollsystem) ganz vorzüglichen elektrischen Bremse nur fußbetätigte Hinterrad-(Vierrad-)Bremsen. Bei dem neuen Fahrgestell ist das im Prinzip zwar beibehalten, aber die Anordnung von Luftdruckbremsen gleichfalls vorgesehen.

Inzwischen hat auch Guy ein ganz neues dreiachsiges Trolleybus-Fahrgestell (ebenso erstmalig ein modernes zweiachsiges Fahrgestell für Trolleybusse) herausgebracht, was auch hier aus einem Benzinomnibus-Fahrgestell modernster Bauart entwickelt worden ist. Es wird also an sich beim Trolleybus und beim Benzinbus das gleiche Fahrgestell angewandt, nur wird beim Trolleybus der Elektromotor an Stelle des Benzinmotors organisch eingebaut. Da das Benzinomnibus-Fahrgestell die jetzt in England stark aufkommende seitliche Maschinenlage mit seitlich liegendem Hinterachsenantrieb hat, ist diese Konstruktion (die manche Vorzüge hat) auch beim Trolleybus-Fahrgestell beibehalten worden. Die Schneckengehäuse des Hinterachsantriebs liegen also seitlich fast an den Bremstrommeln. Diese Seitenlage von Maschine und Antrieb bringt es vor allem mit sich, daß der Mittelgang der Aufbauten sehr tief gelegt werden kann, weil das Gehäuse des Hinterachsantriebes (mit seinen starken Ausschwingungen nach oben während der Fahrt) jetzt unter entsprechend angeordnete Sitzbänke zu liegen kommt. Das neue Guy-Trolleybus-Fahrgestell hat auch sonst eine ganze Reihe von Vorzügen und Verbesserungen. Es würde aber zu weit führen, hier alles aufzuzählen.

Clugh, Smith & Co. Ltd. in London verwenden das gute Dreiachser-Fahrgestell der Karrier Motors Ltd., dessen Abmessungen aus der Tabelle Seite 66/67 hervorgehen. Die Luft-

Abb. 71. Guy-Dreiachser-Trolleybus-Fahrgestell.

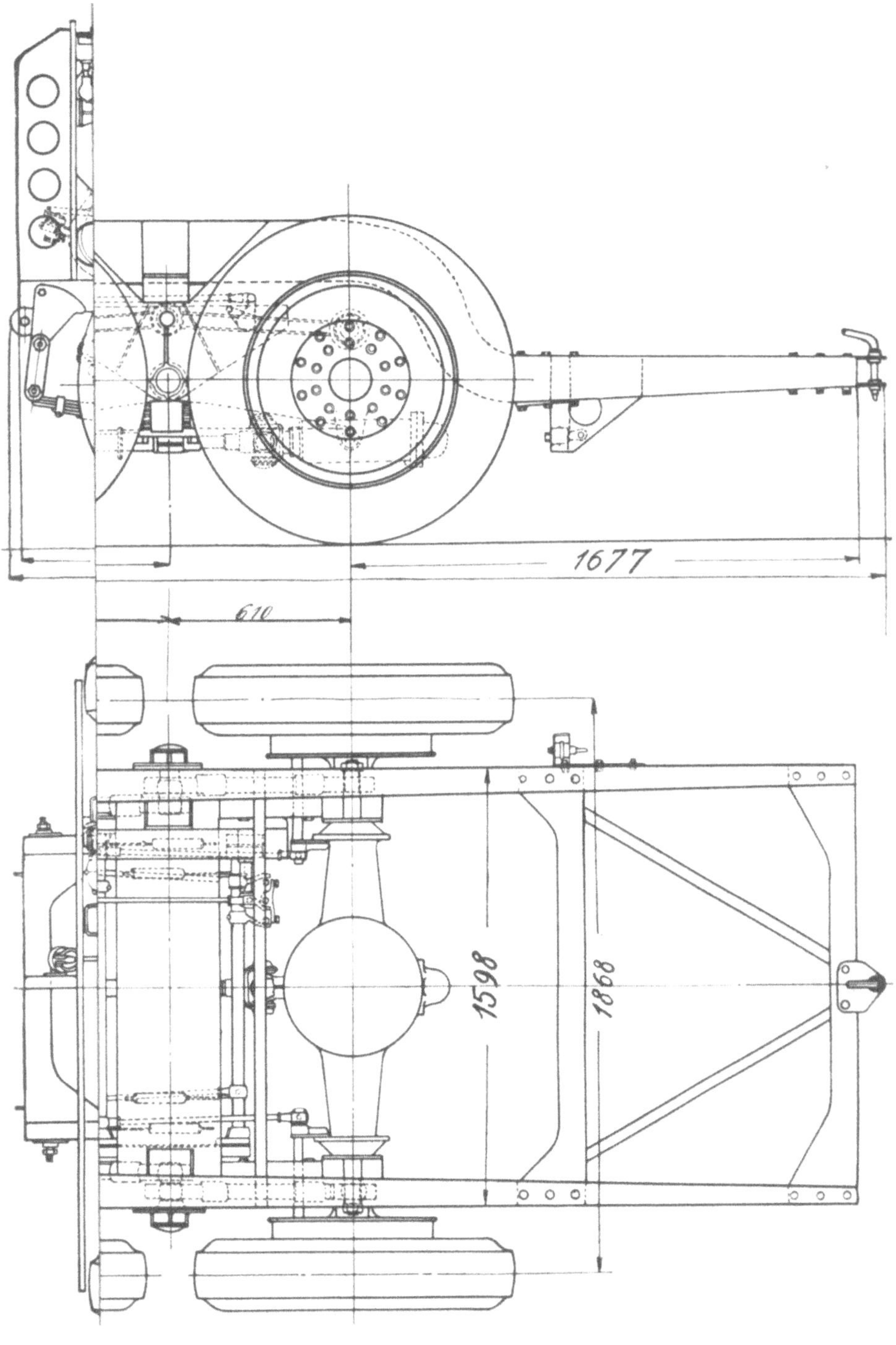
1677
610
1598
1868

druckbremse (fußbetätigt) wirkt hier auf alle vier Triebräder, die Handbremse auf die Getriebewelle. Die Schneckengetriebe der Hinterachse haben eine Übersetzung von 9,66:1.

Als Motoren werden (je nach Fassungsraum der Aufbauten) solche von 60 oder 80 PS (525 Volt) verwandt. Der Kontroller ist die fußbetätigte Kontaktortype.

Die Assoc. Equipment Co. in Southall baut zwei Dreiachsertypen nach den Angaben der Tabelle, und zwar Type 664 für Eindecker mit 35—37 Sitzen und Type 663 für Doppeldecker mit 60—65 Sitzen. Zum Antrieb kommt der schon

Abb. 72. Dreiachsiges Fahrgestell der English Electric Co.

beim Zweiachser kurz beschriebene 66 PS-Motor oder ein solcher von 80 PS mit gleichen Eigenschaften in Frage.

Kontroller, Rheostaten, Stromunterbrecher und Stromabnehmer sind genau gleich wie beim Zweiachser.

Die fußbetätigte Innenbackenbremse wirkt hier auf alle sechs Räder und wird auch als Westinghouse-Druckluftbremse angeordnet. Die Handbremse arbeitet nur auf die vier Hinterräder, und zwar mit besonderen Innenbacken.

Das neue Dreiachser-Fahrgestell der English Electric Co. Ltd. wird in Abb. 72 gezeigt und seine Hauptmaße und sonstigen Eigenschaften ergeben sich wiederum aus der Tabelle, Seite 66/67.

Der 80 PS-Zwillingsmotor liegt in Fahrgestellmitte und treibt mit schräg nach unten liegender Kardanwelle mit drei Differentialen die Schneckenantriebe der Hinterräder. Die eigenartige flache Form des Motors ergibt eine geringe Rahmenhöhe resp. Fußbodenhöhe. Das Bogie hat Balancierfederung, hier aber in einer besonderen Doppeldrehpunktkonstruktion, um jede Rutsch- und Gleitneigung beim Bremsen zu verhindern durch einen Adhäsionsausgleich aller Räder. Dadurch werden unnötige Federüberlastungen vermieden.

Alle sechs Räder werden einzeln mit Druckluft (Westinghouse) gebremst. Die Lage des zweistufigen Kompressors und seines

Abb. 73.
Dreiachsiges Trolleybus-Fahrgestell der Bristol Tramways and Carriage Co.

Motors ergibt sich aus Abb. 72. Außerdem ist die gute elektrische Bremse der English Electric Co. angewandt, die bereits beschrieben wurde und eine mit unabhängigen Schuhen auf die vier Hinterräder arbeitende Handbremse.

Weiter läßt die Abb. 72 gut die Stützen an den Fahrgestellrahmen erkennen, welche mit Gummibuffereinschaltung den Aufbau tragen.

Alles in allem: Sorgfältige englische Arbeit.

Auf der letzten Londoner Lastauto-Ausstellung im November 1929 erschien nun noch eine neue Firma, welche ein gutes dreiachsiges Trolleybus-Fahrgestell herausbrachte, die Bristol Tramways and Carriage Co. in Bristol. Soweit Angaben zu erreichen waren (die Firma tut sehr geheimnisvoll), bringe ich sie in der Tabelle. Ein Bild, wenn auch in mäßiger Ausführung, gibt Abb. 73 und Abb. 73a zeigt die sehr geschickte kugelartige Lagerung der äußeren Federenden an den Hinterachsen.

Das Fahrgestell ist an sich genau das gleiche wie die neue Type C für Benzinomnibusse der Firma. Der Langrahmen ist hier für die Durchführung der Hinterachsen durchbrochen. Untere und obere Halbelliptikfedern schwingen um die Enden einer starken Rohrtraverse und nehmen Antrieb- und Bremsmomente auf. Die freie Beweglichkeit der äußeren Federenden und die gute Angleichung der Federlagen an Terrainunebenheiten gibt die Konstruktion nach Abb. 73a. Der 60 oder 80 PS-Motor (selbst-

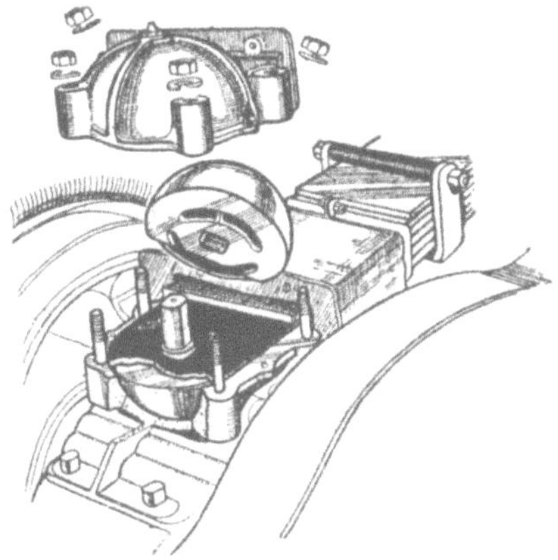

Abb. 73a.
Kugellagerung der äußeren Hinterachs-Federenden beim Trolleybus-Fahrgestell der Bristol Co.

ventilierende Comutatortype) liegt mit seiner Oberkante in Fußbodenhöhe über der Vorderachse. Der Antrieb in die Schnecken der Hinterachse ist einmal unterbrochen und an einem starken Querträger universal gelagert. Das dritte Differential ist auch hier vorhanden.

Vorderradbremse ist nicht vorhanden. Die Westinghouse-Druckluftbremse arbeitet nur auf die vier Hinterräder, und zwar mit fußbetätigtem Ventil. Die Handbremse (auf die Kardanwelle) dient nur zum Parken, elektrische Bremse ist selbstverständlich vorhanden.

Wir sehen also eine ganze Reihe vorzüglicher Fahrgestelle, eine Fülle aufgewandter sorgfältiger Arbeit. Und diese ist es, welche den Erfolg der englischen Trolleybusse bedingt haben. Möge sie uns ein Ansporn zu gleicher Arbeit sein.

4. Aufbauten und komplette Fahrzeuge.

Die Aufbauten können in jeder gewünschten Ausführung hergestellt werden und die Abbildungen 74—78 zeigen eine ganze Reihe von Innen- und Außenansichten der verschiedensten Fahrzeuge, um einen guten Überblick zu geben. Hinsichtlich der Per-

Abb. 74. Alter Demonstrations-Trolleybus von Garret & Sons.

sonenfassungszahl gibt auch die Tabelle auf Seite 66/67 einen genügenden Überblick.

Der Eindecker, als Zweiachser ausgeführt, faßt in der Regel 30—35 Sitzplätze und noch Stehplätze. In der Ausführung als Doppeldecker sind bis zu 52 Sitzplätze beim Zweiachser angeordnet.

Der Dreiachser enthält als Eindecker meist 35—37, in Ausnahmefällen bis zu 40 Sitzplätzen. Beim Dreiachser-Doppeldecker sind mindestens 50, aber auch bis zu 70 Sitzplätze angeordnet. Die Dreiachser-Doppeldecker sind sowohl mit freiliegender, wie mit überbauter Treppe zum Oberdeck ausgeführt. Bei allen Aufbauten werden die neuesten Konstruktionsprinzipien und Erfahrungen im hochentwickelten englischen Omnibus-Karosseriebau angewandt, was später noch weiter erläutert werden soll.

Wir wollen zunächst nur kurz einzelne der Abbildungen betrachten. Abb. 74 bringt einen der ersten Trolleybusse von Garrett & Sons, damals als Demonstrationswagen erbaut und in Verkehr genommen. Das mit Mitteleinstieg erbaute Fahrzeug macht einen etwas hochbeinigen Eindruck. Aber zur Zeit seiner Erbauung waren Niederrahmenfahrgestelle noch unbekannte

Abb. 75. Zweiachsiger Trolleybus von Garrett & Sons.

Dinge. Scheibenräder und Vollgummibereifung und ein etwas primitiver Stromabnehmer sind noch Zeichen der Entwicklung. Aber das Fahrzeug stellt doch gegen die alten deutschen Trolleybusse schon einen gewaltigen Fortschritt dar. Abb. 75 bringt im Gegensatz dazu einen modernen Eindecker von Garrett, ebenfalls mit Mitteleinstieg. Das Gerippe des 32sitzigen Fahrzeuges ist eine Holz- und Stahlspantenkonstruktion, welche noch ausführlich beschrieben wird. Solche Fahrzeuge können sowohl mit Einmannbedienung wie mit Fahrer- und Schaffnerbetrieb ausgeführt werden.

Die Stahlspantenbauweise von Garrett ergibt sich aus den Abb. 76 und 76a. Der Sinn der Stahlspantenanordnung (die übrigens von dem deutschen Erfinder Arquint, München, herrührt) ist folgender: Der Aufbau soll nicht starr in der Längsrichtung, sondern nur in der Querrichtung erbaut sein. In der Längsrich-

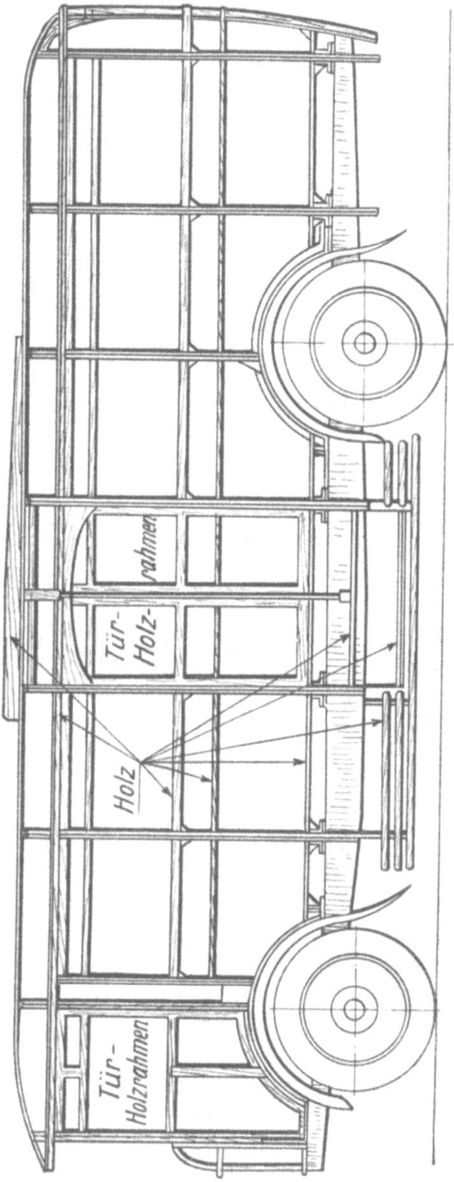

Abb. 76. Spantenbauweise von Garrett & Sons, Längsansicht.

tung ist eine gewisse Nachgiebigkeit, ein Angleichen an die Rahmenbewegungen im Interesse der Haltbarkeit des Aufbaues erwünscht und verhindert außerdem Bewegungsgeräusche (Quietschen und Knarren). Im Querverband gibt die Stahlspante dagegen Starrheit und Festigkeit.

Diese Spantenbauweise wird von Garrett für Eindecker wie sinngemäß auch für Doppeldecker verwandt.

Beim Eindecker wird, wenn Mitteleinstieg angeordnet ist, dieser ca. 1200 mm breit gehalten, um gleichzeitiges Ein- und Aussteigen zu ermöglichen. Es ergibt sich dann ein mittlerer Stehplatzraum und zwei in sich geschlossene Endräume. Die beiden Flügel der Einsteigtür gehen nach außen auf und sind

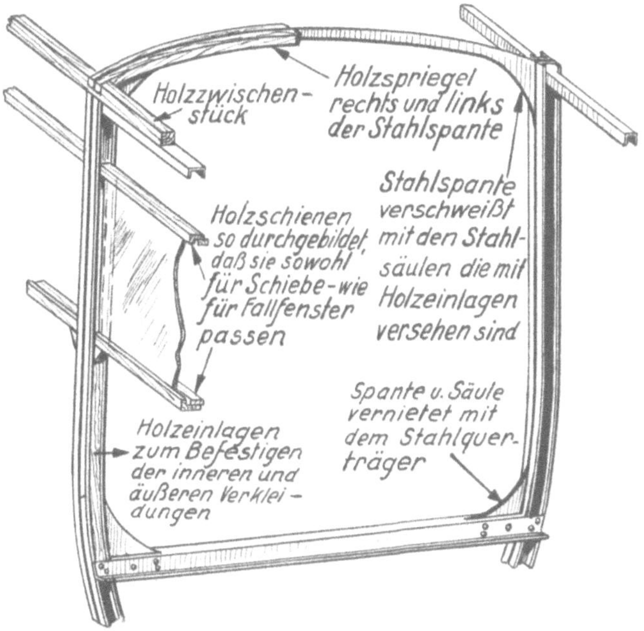

Abb. 76a.
Spantenbauweise (Querschnitt) von Garrett & Sons.

mit automatischen Schnappschlössern versehen. Es sind zwei Trittstufen angeordnet.

Sonst wird bei den Fahrzeugen Vorder- und Hintereinstieg ausgeführt, ersterer beim Einmannbetriebe.

Die Stahlspante ist bei der Konstruktion Garrett ein Stahlblechstreifen in geschlossener Form und wird seitlich durch Stahlsäulen versteift und unten durch Stahlquerschwellen, wie das Abb. 76a gut erkennen läßt. Die Außenverkleidung besteht aus Stahlblech. Eckwinkel und Eckbleche, welche immer Anlaß zu Störungen geben, sind völlig vermieden.

Der Aufbau hat also keinerlei lange Rahmenhölzer, da alles Rahmenwerk aus kurzen Stücken besteht, welche nur dazu dienen, daß die innere und äußere Verkleidung gut befestigt werden kann. Die Dachenden bestehen aus Stahlblech, das Dach aus Spezial-Fichtenholz, darauf ein Dachleinwandbezug. Regenrinnen sind angebracht.

Der Dachvorbau ist über Modelle gebogen und der Vorbau selbst so ausgebildet, daß der Fahrer, geschützt vor Witterungsunbilden, eine bequeme und ununterbrochene Übersicht über die Straße hat.

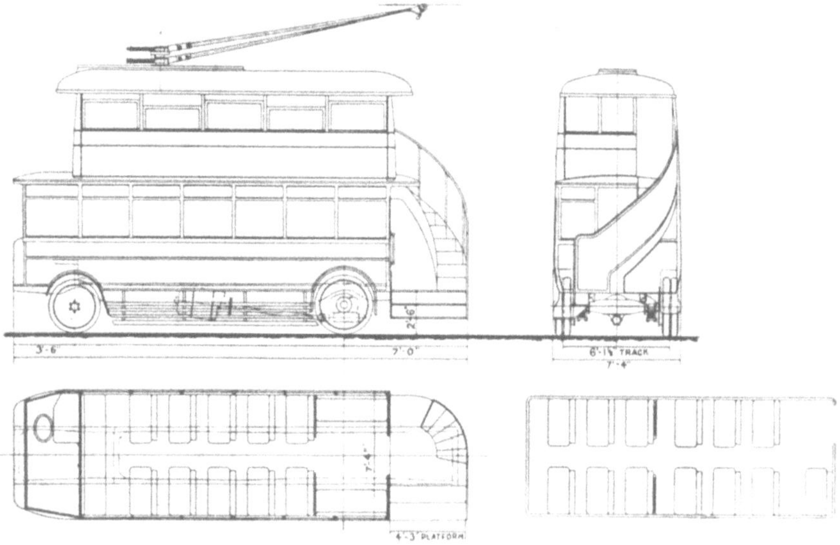

Abb. 78a. Skizze des Doppeldeck-Trolleybusses von Garrett & Sons mit offener Treppe.

Die sehr bequemen Sitze haben Stahlrahmen, sind unter der Polsterung gut gefedert und mit Moquette oder Leder bezogen.

Die Fenster sind entweder Schub- oder Fallfenster, im letzteren Falle mit dem guten „Rawling" Patent-Fensterheber versehen. Die Abdichtung ist sorgfältig ausgeführt unter reichlicher Verwendung von Gummi.

Zur Ventilation dienen kleine Fenster über den Hauptfenstern und Rotations-Ventilatoren.

Die Innenverkleidung besteht meist aus dreifach verleimter Birke und ist unten mit starker Aluminiumsaumleiste versehen.

Die Maße der Aufbauten resp. der Trolleybusse dieser Bauart zeigen die Abb. 77 und 78 sowie Abb. 78a.

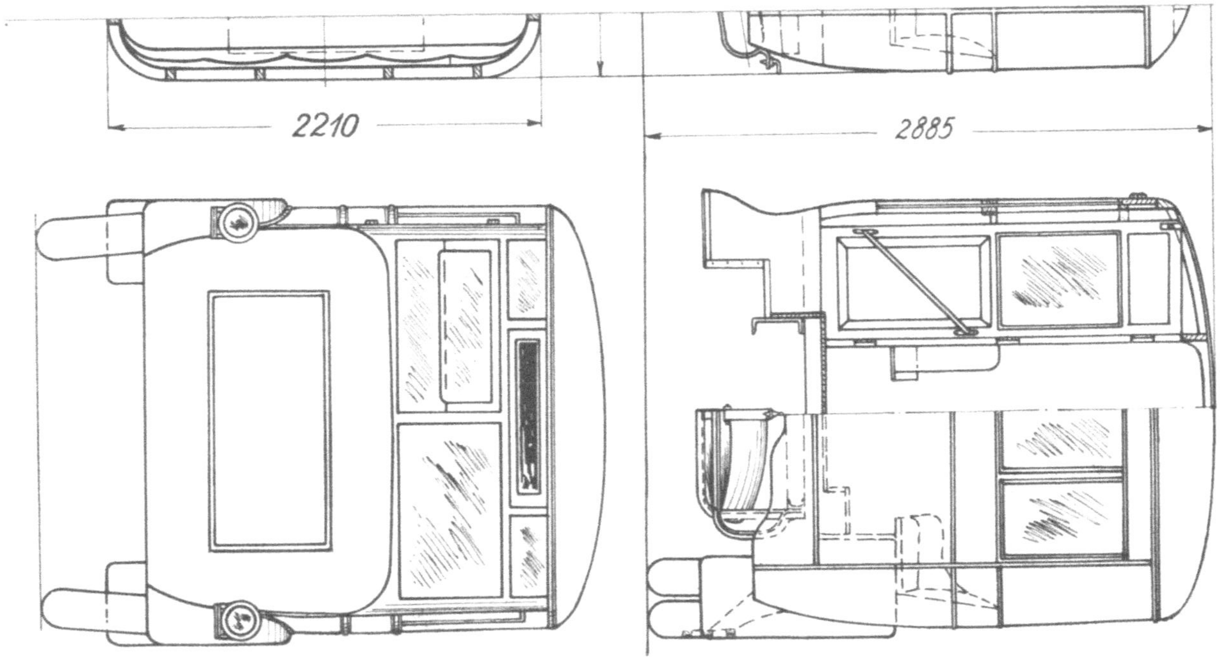
2210
2885

Abb. 79 und 79a zeigen weiter Innen- und Außenansicht eines Eindeckers mit Hintereinstieg und großem vorderen Perron, stammend aus den Werkstätten von Ransomes, Sims & Jefferies in Ipswich. Besonders die Innenansicht gibt ein gutes Bild über die bequeme und gediegene Einrichtung. Von der gleichen Fabrik stammt der geschlossene Eindecker mit Hinter- und Vordereinstieg nach Abb. 80 für Medellin in Columbien (Südamerika).

Der Aufbau wird in der Regel ganz in Teakholz ausgeführt (besonders für Exportfahrzeuge), sonst in Eiche oder Esche. Die Außenverkleidung besteht aus Stahlblech. Beim Einmann-

Abb. 79. Zweiachsiger Trolleybus von Ransomes, Sims & Jefferies.

betriebe wird oft der „Cleveland"-Fahrgeldkasten und eine Brandtsche Wechselmaschine angebracht, um dem Fahrer die Arbeit zu erleichtern. Die Sitze werden entweder mit Strohgeflecht oder mit Plüsch oder Leder bezogen. Das Dach wird aus Sperrholz hergestellt, mit wasserdichter Leinwand bezogen und innen mit einer Täfelung aus Vogelaugenahorn verkleidet. Die Seitenwandverkleidung besteht innen aus Sperrholz.

Alle herablaßbaren Fenster werden mit Kurbelapparaten betätigt. Über den Hauptfenstern werden in der Regel Luftklappen angebracht, außerdem noch Luftklappen im Dach oder mit Rotoren. Springvorhänge dienen als Sonnenschutz.

Abb. 81 und 81a zeigen den neuesten Zweiachser-Eindecker der English Electric Co. Ltd. in London, den diese kürzlich für die Stadt Darlington geliefert hat. Er faßt 34 Personen, hat Mitteleinstieg, Raum für Raucher und Nichtraucher und wiegt komplett mit Führer und Fahrgästen 8900 kg, von welchem Gewicht 5300 kg auf die Hinterachse, 3600 kg auf die Vorderachse entfallen. Der Aufbau ist nach gleichen Prinzipien konstruiert wie der des Doppeldeckers dieser Firma, der später noch beschrieben wird. Die Hauptabmessungen des Fahrzeuges sind: hintere Spur-

Abb. 79a. Innenansicht des Wagens nach Abb. 79.

weite 1842, Radstand 5032, Gesamtlänge 8387, äußere Breite 2287, Gesamthöhe 2820, lichte Innenhöhe 1982, Mitteltürbreite 1220 mm.

Von den Doppeldeckern als Dreiachser zeigt Abb. 46 den Trolleybus, welcher auf der Londoner Lastwagen-Ausstellung im Jahre 1927 großes Aufsehen als einer der ersten nach neuen Grundsätzen erbauten Dreiachser erregte. Aber die folgenden Abbildungen lassen erkennen, daß man inzwischen viel hinzugelernt hat; denn der genannte Omnibus machte doch bei aller Sorgfalt der Ausführung wagenbautechnisch einen etwas unbeholfenen, um nicht zu sagen unfertigen Eindruck. Hält man den vorzüglich aussehenden neuen Doppeldecker für Maidstone nach Abb. 82 daneben, dann empfindet man erst den Fortschritt. Hier haben wir schon die völlig eingebaute, vom Oberdeck überbaute Treppe, die beim Wagen nach Abb. 46 noch frei lag. Der Aufbau faßt 68—78 Fahrgäste, davon meist 2—4 mehr im Unterdeck als als im Oberdeck.

Einen modernen Garrett-Dreiachser-Doppeldecker, allerdings mit offenliegender Treppe, zeigt Abb. 83.

Abb. 80. Zweiachsiger Trolleybus von Ransomes, Sims & Jefferies.

Der Trolleybus-Doppeldecker auf Dreiachserfahrgestell der English Electric Co. nach Abb. 84 (Außenansicht) und Abb. 84a (Innenansicht mit Blick nach der Treppe zum Oberdeck) ist besonders schön und macht einen geradezu imponierenden Eindruck. Hier wird der Aufbau nicht direkt auf das Fahrgestell aufgesetzt, sondern ruht unter Zwischenfügung von Gummikissen auf Konsolen, die an den Fahrgestell-Langrahmen angenietet sind. Als Gerippe wird ebenfalls eine Verbindung von Holzbau und Stahlspanten verwandt, bei der die Spanten an den Säulen verstärkt und unten mit starken Stahlschwellen versehen sind. Die Außenverkleidung besteht aus Aluminium, das Dach aus siebenfach ver-

Abb. 81. Zweiachsiger Trolleybus der English Electric Co.

Abb. 81a. Innenansicht des Wagens nach Abb. 81.

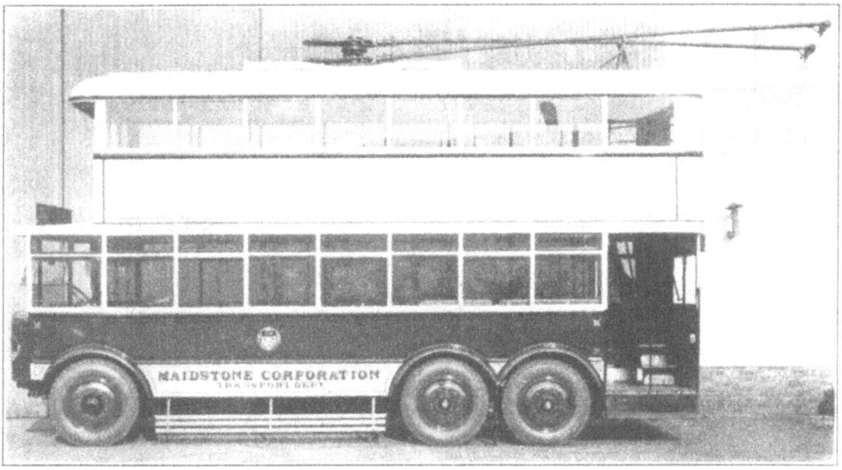

Abb. 82. Dreiachsiger Doppeldeck-Trolleybus von Ransomes.

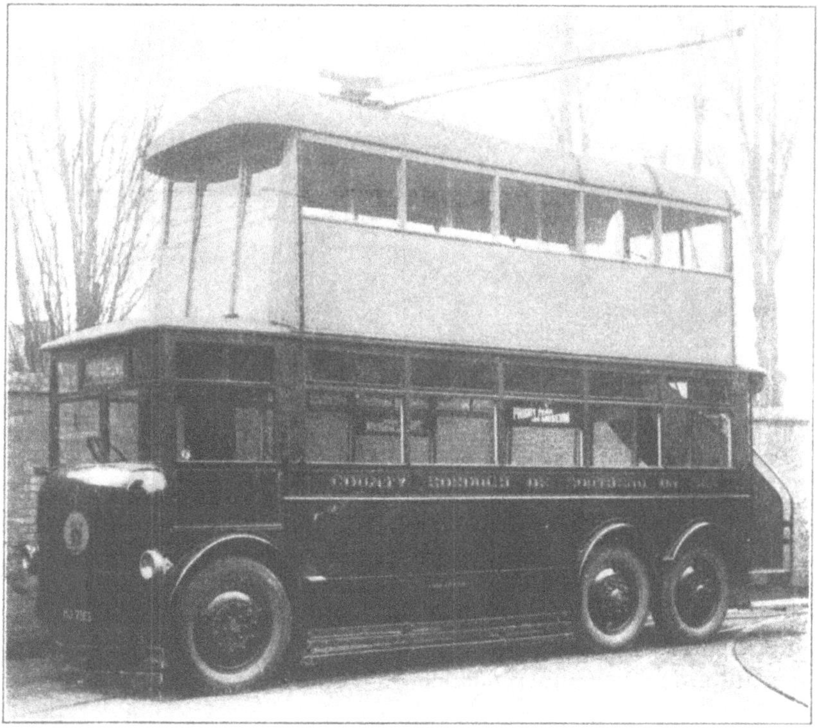

Abb. 83.
Dreiachsiger Doppeldeck-Trolleybus (offener Aufstieg) von Garrett & Sons.

leimtem Sperrholz aus einem Stück in kuppelförmiger Ausbildung mit einem Außenbezug von wasserdichter Leinwand. Eine leichte Stahlkonstruktion auf dem Dach trägt das Stromabnehmer-Pivot. Sowohl im unteren wie im oberen Raume sind an jeder Wagen-

Abb. 84. Neuester Doppeldeck-Trolleybus der English Electric Co.

seite zwei herablaßbare Fenster angeordnet, alle anderen Fenster sind fest.

Außerdem ist eine reichliche Ventilation angebracht.

Die Innenverkleidung besteht aus Eiche mit Eichenholzleisten. Alle Griffe, Geländerstangen usw. sind Duraluminröhren, überzogen mit schwarzem Devorite.

Das Unterdeck faßt 30, das Oberdeck 26 Sitzplätze. Das Fahrzeug wiegt mit Fahrgästen, Fahrer und Schaffner ca. 12 200 kg, wovon ca. 5500 kg auf die Vorderachse und je 3350 kg auf jede Hinterachse entfallen. Die Hauptmaße sind folgende: Gesamtlänge 8560, Radstand 5032, vorderer Überhang 935, hinterer Überhang 2590, Plattformlänge (hintere) 1275, äußere Wagenbreite 2210, Gesamthöhe bis Oberkante Trolleylagerung 4525, Fußbodenhöhe über Straße 813, innere lichte Höhe im Unterdeck 1805, im Oberdeck 1728 mm.

Der Doppeldecker von Garrett ist in ähnlicher Spantenbauweise ausgeführt wie der bereits beschriebene Eindecker. Die

Abb. 84a. Innenansicht des Wagens nach Abb. 84.

entweder freie oder eingebaute Treppe hat Stufen aus gepreßtem Stahl, belegt mit Ulmenholz. Das Geländer ist eine Stahlkonstruktion, die zugleich der ganzen Treppe die nötige Steifigkeit gibt. Alle Griffe bestehen aus Messingrohr und sind isoliert.

Die Kontaktstangenpivots werden hier auf einem Holzrahmenwerke angebracht, dessen Ausbildung und Befestigung Abb. 43 zeigt.

Die Guy Motors Ltd. in Wolverhampton bauen in der Hauptsache nur Dreiachser-Trolleybusse, von denen zwei in den Abb. 85 und 85a gezeigt werden. Besonders interessant ist die Ausführung nach Abb. 85 mit offenem Oberdeck, bei welcher die Stromabnehmer auf einem Stahlrahmen befestigt sind. Einige

Angaben über die Fahrzeugaufbauten von Guy (Einziehung des Oberdeckes, Kippsicherheit, geringe Fahrzeuggewichte usw.) habe ich bereits auf Seite 68/69 gemacht. Ich kann mich hier auf den Hinweis beschränken, daß die Aufbauten mit derselben Sachkunde und Sorgfalt hergestellt sind wie die Fahrgestelle.

Die Herstellung von Aufbauten zu Trolleybussen ist prinzipiell die gleiche wie die von modernen Benzinomnibus-Aufbauten.

Abb. 85.
Dreiachsiger Trolleybus mit offenem Oberdeck, Guy Motors Ltd.

Wagenbautechnisch bestehen gar keine Unterschiede und der einzige Unterschied ist, außer der Stromabnehmerlagerung auf dem Dache, die sorgfältige und gut verkleidete Unterbringung der Stromleitungen im Wagenaufbau selbst.

Deutschen Firmen, welche sich mit der Herstellung von solchen Aufbauten befassen wollen, ist trotzdem ein genaues Studium der englischen Konstruktionen anzuraten. Vor allem denke man ja nicht, daß der einfachere und erschütterungsfreie elektrische Antrieb irgendwelche leichtfertigen Aufbaukonstruktionen zuläßt. Wenn man in England beim Trolleybus zur Stahlspantenbauweise übergegangen ist und nicht zum Stahlaufbau, so hat das seine guten Gründe gehabt. Stahlaufbauten braucht man wohl auch bei uns nicht für Trolleybusse. Wenn man die gute Stahlspantenkonstruktion heute noch nicht in Deutschland allgemein anwendet, so liegen dafür zum Teil rein persönliche Gründe vor. Für den Trolleybus ist sie in allererster

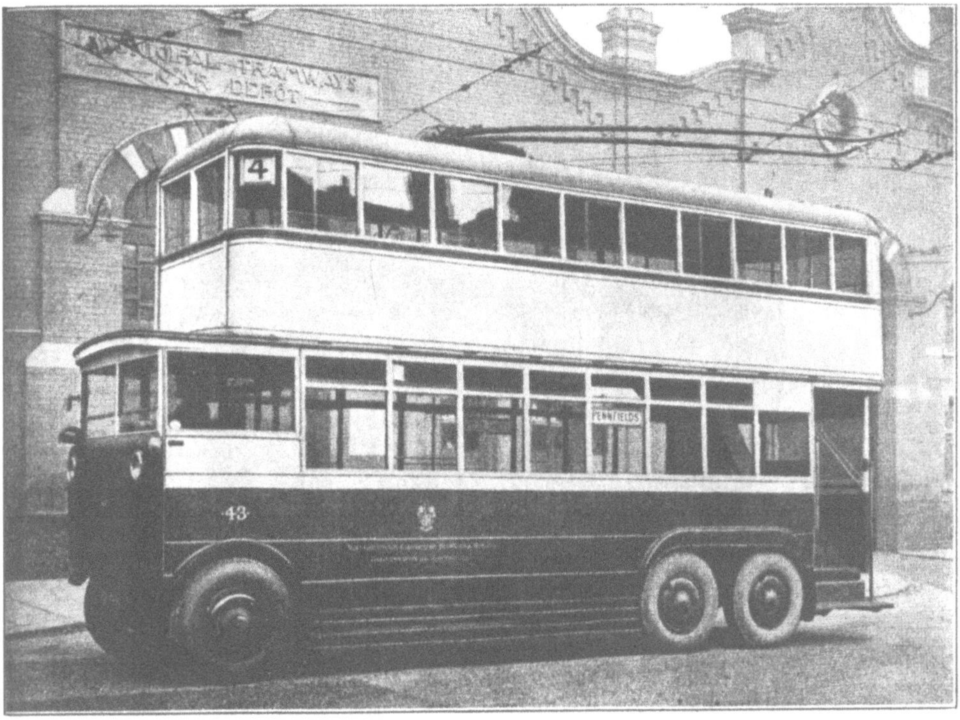

Abb. 85a. Dreiachsiger Doppeldeck-Trolleybus der Guy Motors Ltd.

Linie geeignet und könnte höchstens durch gut durchkonstruierte Leichtmetallaufbauten ersetzt werden.

Ob man bei uns zu der eigenartigen Führerraum-Ausbildung kommt wie in England, ist wohl zu bezweifeln. Hansa-Lloyd will die jetzige Motorhaube des deutschen Wagens beibehalten und darunter einen Teil der elektrischen Ausrüstung (Widerstände usw.) unterbringen. Wenn nun auch sicher diese unserem Auge gewohnte Konstruktion gefälliger aussieht, wie die englische Durchbildung, so bleibt doch zu erwägen, ob man sich nicht zu einem Kompromiß entschließen sollte, indem man den Führersitz ganz vorn seitlich legt, um einen großen Karosserieraum zu gewinnen und dem Führer eine gute Sicht bis kurz vor den Wagen zu geben.

Warum man bei uns in Deutschland den seitlich neben dem Motor liegenden Führersitz auch beim Benzinbus fast allgemein ablehnt, ist geradezu unerfindlich. Auf jeden Fall gibt die Konstruktion eine wesentlich größere Fahrgestellänge für den Aufbau frei und wenn die Durchbildung des Vorbaues richtig erfolgt

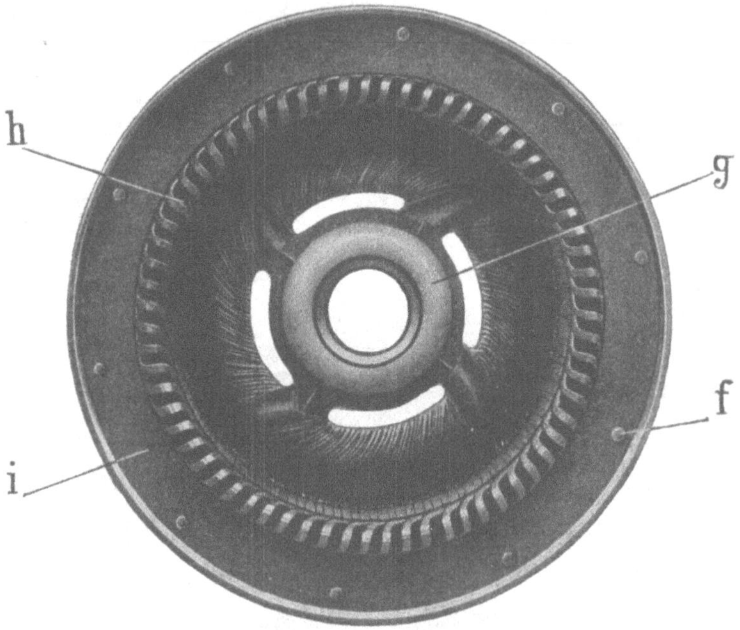

Abb. 86a. Faunwerke G. m. b. H. Nürnberg.
Radnabenmotor mit herausgenommenem Magnetstern.
f = Deckelschrauben, *g* = Kollektorträger, *h* = Ankerwicklung,
i = Ankergehäuse.

(wie sie bei zahlreichen ausländischen Omnibussen jetzt durchgeführt ist), sieht sie gar nicht übel aus.

Eigenartig ist es, daß auch die französische Fabrik Scemia bei ihrem ersten Trolleybus, der auf der letzten Pariser Lastautoschau im November 1929 zum ersten Male gezeigt wurde, bei der alten Motorhaubenkonstruktion geblieben ist, wie Abb. 32 zeigt.

Daß die veränderte Maschinenlage und der veränderte Maschineneinfluß auf den Aufbau rückwirkt, und zwar nur in günstigem Sinne, ist klar. Man kann ja nur darüber erfreut sein, daß die Motorvibrationen aufhören, daß das ständige Spiel des Haubenteiles bis zur Spritzwand hier verschwunden ist. Dadurch ergibt sich eine weit günstigere Aufbaurahmenkonstruktion und ein leichterer Übergang zur Spantenkarosserie.

Die Anhängerfrage ist auch beim Trolleybus nicht ganz einfach wie bei allen Omnibussen. Einzelne Städte verwenden Anhänger, dann aber (wie Kopenhagen) nur solche mit einer eigenartigen, vom Motorwagen aus automatisch gesteuerten Lenkung.

Abb. 86b. Faunwerke G. m. b. H.
Radnabenmotor, geschlossen.

Dadurch wird eine genaue Spurfolge des Anhängers erreicht. Die verwendeten Luftdruck- und zum Teil auch die elektrischen Bremsen kommen auch den Anhängern zugute, was die Verkehrssicherheit erheblich fördert.

Äußerst günstig gestaltet sich beim Trolleybus die Heizungs- und Beleuchtungsfrage. Die Heizung erfolgt durch elektrische Widerstände. Sie ist gut regulierbar und wirksam.

IV. Deutsche Trolleybus-Konstruktionen.

Daß wir der Fülle englischer Trolleybusse in Deutschland leider zunächst nichts entgegenzusetzen haben, erwähnte ich bereits. Es ist an sich bei der wirtschaftlichen Notlage, in der sich auch unsere Lastautomobilfabriken zurzeit zum größten Teil befinden, ja zu verstehen, daß man sich auf neue Experimente nicht einläßt. Das elektrische Fahrzeuggebiet liegt den meisten Firmen fern und seine Aufnahme bedeutet eine weitere Komplizierung der Fabrikation. Das ist an sich sehr bedauerlich und wird sich eines Tages sicher noch empfindlich bemerkbar machen. So sind eigentlich nur zwei Firmen vorhanden, denen es

Abb. 86c. Faunwerke G. m. b. H.
Radnabenmotor, geöffnet.

verhältnismäßig leicht fallen müßte, zum Bau von Trolleybussen überzugehen und sich dadurch eine zukunftreiche Fabrikation zu sichern. In Frage kommen einmal die Faunwerke G. m. b. H., Nürnberg, welche das benzin-elektrische Nutzfahrzeug hoch entwickelt haben. Der Radnabenmotor in der Vollkommenheit, wie ihn die Faunwerke heute ausführen, kann für den Trolleybus entscheidende Bedeutung gewinnen und hier hätten die Faunwerke einen Vorsprung in der genauen Kenntnis auch für den Trolleybus geeigneter Konstruktionen, die ihnen einen weiten Vorsprung sichern. Es war mir deshalb von höchstem Interesse, als ich auf meiner letzten Reise gelegentlich eines Besuches bei Faun mit Freuden hörte, daß man den Bau von Trolleybussen aufnimmt. Es ist gar kein Zweifel, daß das Radnaben-Motorsystem von **Faun** die gegebene Antriebsart für Trolleybusse ist und **Faun** hat durch seine Konstruktion und seine bedeutenden Kenntnisse und Erfahrungen im Bau solcher Motoren einen Faktor in der Hand, welcher dem englischen Trolleybus sehr gefährlich werden kann. Ich wies in meinen vorherigen Ausführungen darauf hin, daß der von **Porsche** in Gemeinschaft mit **Lohner**, Wien, entwickelte Radnabenmotor anfangs erhebliche Anstände im Betriebe zeigte. **Faun** ist Herr aller Schwierigkeiten geworden und liefert heute seine Radnabenmotoren in vollendeter Ausführung, so daß Anstände durch Staub und Nässe nicht mehr vorkommen können. Im allgemeinen wird der Hinterradantrieb verwandt, aber es läßt sich auch Vierradantrieb ausführen. Bei Vorderradantrieb zeigen sich auch hier die Schwierigkeiten, die sich allgemein beim Vorderradantrieb von Schwerfahrzeugen ergeben. Bei den Radnabenmotoren, System **Faun**, sitzt der Magnetstern auf dem konischen Achsstummel durch Keil und Nute fest, um den der in das Rad eingebaute Anker rotiert. (Kugellagerung!) Die Motoren lassen sich deshalb wie gewöhnliche Räder in einem Stück von der Achse abziehen, was die Auswechselung gegen einen Reservemotor in sehr kurzer Zeit gestattet. Der Reservemotor paßt (wie jedes andere Hinterrad des Systems) auf die rechte, wie auf die linke Seite. Kollektor und Bürsten sind sofort nach Deckelabnahme zugänglich und bequem zu reinigen und zu kontrollieren, ohne daß das Fahrzeug über einer Grube steht.

Die Abb. 86a—86c zeigen den Motor, der mit einem Wirkungsgrad von 90 % arbeitet. Die Motoren sind hinsichtlich der Stromstärke sehr überlastungsfähig, weil in der Ebene jeder Quadratmillimeter Wickelung nur mit 1 Amp. belastet wird, und die Belastung im Durchschnitt während der Fahrt nur bis 3 Amp./qmm ansteigt. Das gilt auch für die Feldwickelung. Übertemperaturen sind also so gut wie ausgeschlossen. Der Radnabenmotor ist als zehnpolige Gleichstrom-Hauptschlußmaschine ausgeführt und zwar ohne Wendepole. Durch breite neutrale Zonen und entsprechende Formgebung der Pole ist ein steil abfallendes Feld vermieden. Daher ist die Kommutierung einwandfrei. Isolation und Ausführung der Motoren überhaupt ist sehr sorgfältig. Die Zugkräfte des Motors sind allen Ansprüchen gewachsen.

Die Anwendung der Radnabenmotoren ergibt nun aber vor allem einen Antrieb frei von allen mechanischen Teilen, die sonst auch beim Trolleybus englischer Bauart immer noch vorhanden sind. Mag es sich bei letzteren auch um rein rotierende Triebteile und Massen handeln. Sie sind eben doch da, und die Hinterachsantriebe sind (trotz der guten englischen Schneckengetriebe) eben doch mechanische Triebwerke mit allen Eigenschaften und Mängeln derselben. Anders bei Faun. Zwei Kabel — das ist alles was vom Armaturenbrett zu den Motoren führt. Ganz abgesehen von dem Einfluß mechanischer Triebwerksteile auf Fahreigenschaften und Geräuschbildung ist hier schon die Freiheit des Fahrgestelles überhaupt von mechanischen Teilen (außer natürlich den Bremsgestängen) ein gar nicht hoch genug anzuschlagendes Moment.

Das wirkt sich einmal auf das Gewicht des Fahrzeuges aus, das sicher bei keinem Trolleybus der Welt so niedrig gehalten werden kann. Was allein bedeutet schon der Wegfall des Elektromotorgewichtes! Andererseits ergibt sich aber auch eine sehr einfache Rahmenkonstruktion. Wenn nun ein Fahrzeug dazu berufen ist, Pionierdienst für die Seite 83—86 erwähnte Zwillingsbauart zu leisten, dann ist das der Trolleybus mit Radnabenmotoren, System Faun. Es kann eine Vorderrad-Einzelaufhängung im entsprechend ausgebildeten, selbsttragenden Aufbau vorgenommen werden und ebenso eine Einzelaufhängung und Abfederung der Hinterräder. Ebenso, wenn man will, eine Schwingachsausbildung der Hinterachse. Dadurch würde der Einfluß der etwas schweren nur reifengefederten Hinterradmassen erheblich verbessert werden. Obgleich bei dem guten und stoßfreien elektrischen Antrieb der Einfluß dieser Radmassen schon an sich nicht hoch eingeschätzt werden muß.

Kurzum: es kommt hier ein Fahrgestell oder besser ein Trolleybus zustande, der eine Revolution bedeuten wird und der Faun eine reiche und lohnende Fabrikation für lange Zeit zu liefern in der Lage ist.

Auch die andere Firma, welche zu der Fabrikationsaufnahme geeignet erscheint, hat den entscheidenden Schritt bereits vollzogen: die Hansa-Lloyd-Werke A.-G., Bremen, wollen Trolleybusse bauen und verfügen sowohl (aus ihrer Fabrikation von Akkumulatorenwagen) über die nötigen Erfahrungen, haben auch schon einmal (siehe Seite 19—25) in der Entwicklungszeit des Trolleybusses solche Fahrzeuge gebaut und brachten ferner in der letzten Zeit Fahrgestelle heraus, welche für den Bau von modernen und leistungsfähigen Trolleybussen sehr gut geeignet sind. Ihre Umgestaltung einmal vom Akkumulatoren-Fahrgestell

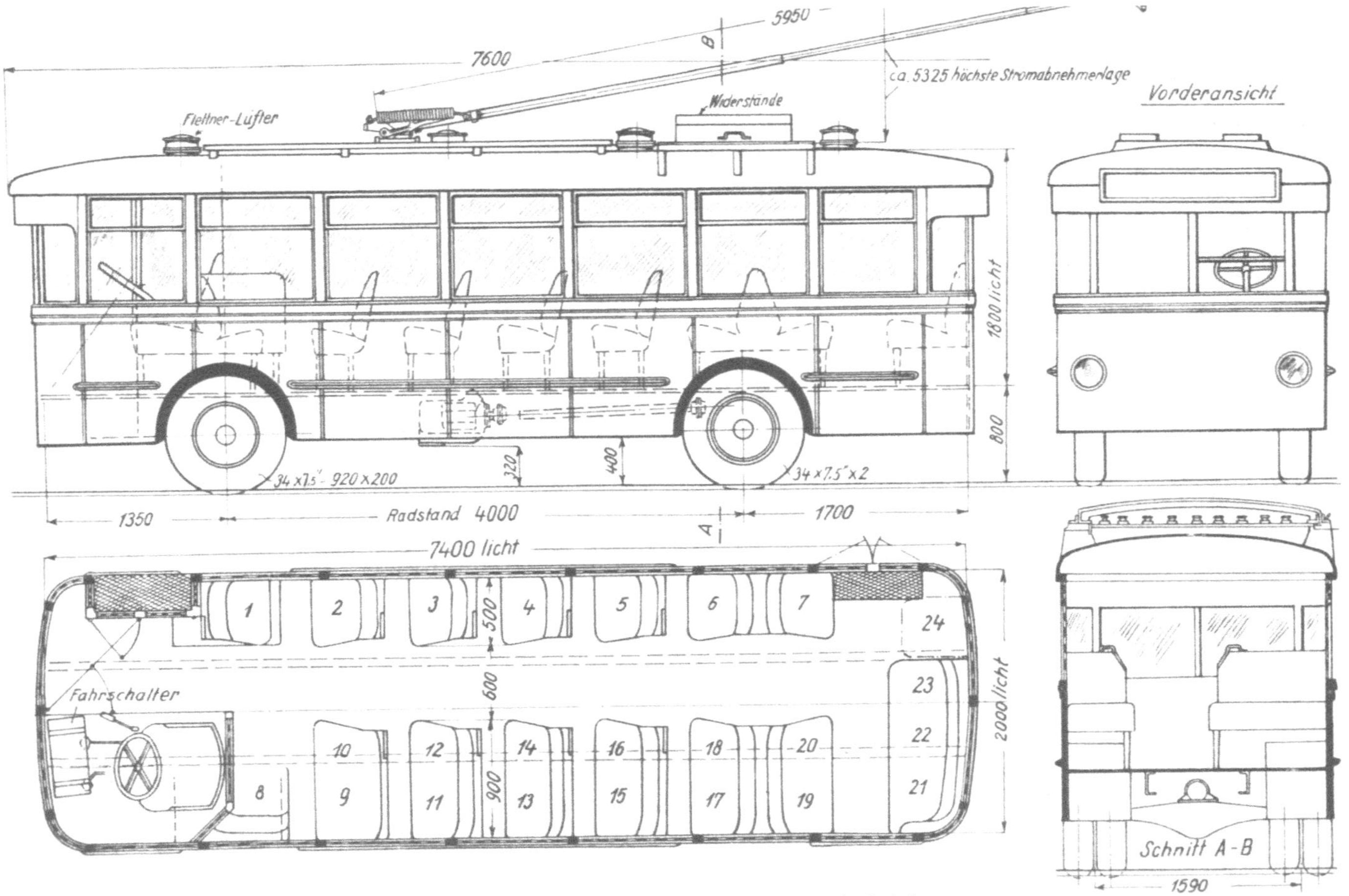

Abb. 87. Hansa-Lloyd Trolleybus (zweiachsig).

her und anderseits vom modernsten Dreiachser-Omnibusfahrgestell her ist leicht durchzuführen und es kämen hier alle Momente zusammen, welche die schnelle Fabrikationsaufnahme von Trolleybussen ermöglichen. Wenn — ja wenn die mangelnde Einsicht der in Frage kommenden Abnehmerkreise schnell zu überwinden wäre. Vorerst findet sich von allen den Städten, denen der Trolleybus aus tausend Schwierigkeiten helfen könnte, keine einzige, die den Mut hat, auch nur einen Versuch zu machen. Das wird sich sicher ändern, wenn in diesem Frühjahr die A b o a g in Berlin resp. die Berliner Verkehrs-A.-G. ein paar

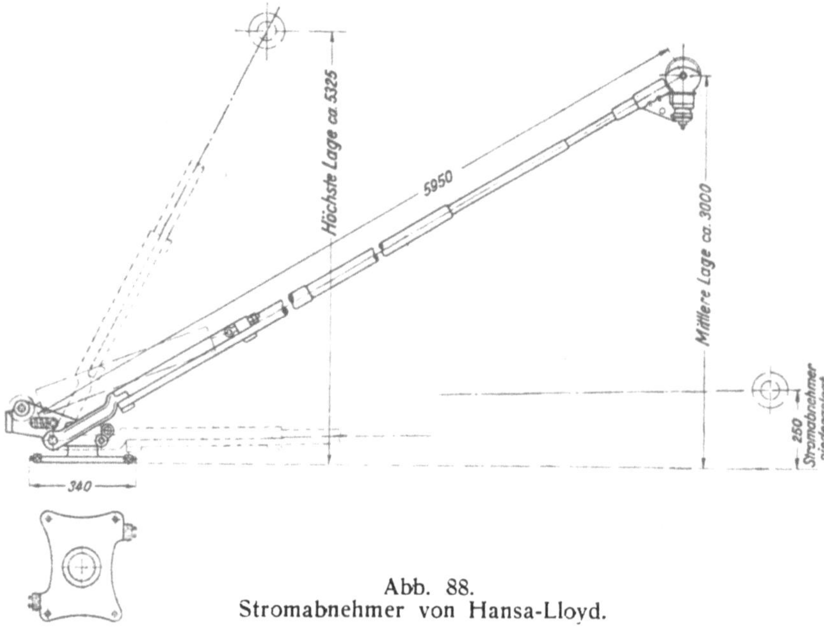

Abb. 88.
Stromabnehmer von Hansa-Lloyd.

Außenlinien als Trolleybuslinien einrichtet. Diese Versuche sind sehr zu begrüßen und werden Pionierarbeit für den Trolleybus darstellen. Um nun aber zu zeigen, wie geeignet die Hansa-Lloyd-Fahrgestelle für den Trolleybusbau sind, will ich dieselben kurz beschreiben, wobei von den jetzigen Konstruktionen (die also noch für andere Verwendungszwecke gelten) auch gleich auf die Durchbildung zum Trolleybus eingegangen werden soll.

Abb. 87 gibt zunächst einen Zweiachser - Trolleybus mit 21 Sitz- und 8 Stehplätzen. Der Motor (für Gleichstrom von 500 bis 600 Volt) liegt zirka in Fahrzeugmitte. Die Hinterachse wird mit dem guten Schneckenantrieb angetrieben, den Hansa-Lloyd seit Jahren durchgebildet hat. Das Fahrzeug ist luftbereift, und kann in jeder gewünschten Innenausstattung geliefert werden. Hinsichtlich der Stromabnehmer hat man sich jetzt für eine Konstruktion entschieden (nach Abb. 88), die sich fast genau den englischen Vorbildern angleicht. Es sind auch zwei Kontaktstangen vorgesehen, deren Stromabnehmerrollen in einem Rollen-

Abb. 89. Dreiachsiges Trolley-Fahrgestell mit einer getriebenen Hinterachse, Hansa-Lloyd.

kopf liegen. Dessen obere Hälfte ist gegen die untere auf Rollenlagern und um einen vertikalen Zapfen drehbar gelagert, so daß beim seitlichen Ausweichen der Fahrzeuge um 3,5 bis 5,0 m kein Abspringen der Stromabnehmerrollen vorkommen kann. Die pivotartige Übereinanderanordnung der Kontaktstangen ermöglicht ein vollkommenes Durchdrehen jeder e i n z e l n e n Stange um 360°.

Die Schalteinrichtung wird ebenfalls wie bei englischen Fahrzeugen mit dem Fuß betätigt, damit der Fahrer beide Hände für die Lenkung frei hat. Bei jedem Durchdrücken des Pedals schaltet der Fahrschalter um eine Widerstandsstufe weiter. Beim Loslassen

Abb. 90. Hinterachssatz im Fahrgestell nach Abb. 89.

des Pedals schaltet die Kontrollerwalze selbsttätig aus. Dasselbe geschieht auch dann, wenn der Fahrer den Fußhebel der Vierradbremse betätigt, und zwar auch in dem Falle, daß er dabei den Fuß vom Fahrpedal nicht abhebt.

Abb. 91. Trolleybus-Fahrgestell von Hansa-Lloyd mit zwei getriebenen Hinterachsen.

Die Fahrzeuge können mit Handbremse, Vierradfußbremse und mit der sehr wirkungsvollen und sicheren elektrischen Kurzschlußbremse ausgerüstet werden. Damit ergeben sich die Bremseigenschaften, die ein Benzinomnibus nie erreichen kann und die vor allem im Vorortverkehr resp. Überlandverkehr jede Verkehrssicherheit verbürgen.

Für größere Omnibusse kommen nun die Dreiachser-Fahrgestelle von Hansa-Lloyd in Frage, die in den Abb. 89—93 gezeigt werden. Bei der einen Konstruktion ist nur die vordere der beiden Hinterachsen (wiederum mit Schnecke) angetrieben, während die hintere nur Laufachse ist. Ein sehr geschickter Federausgleich zwischen diesen beiden Achsen nach Abb. 90 ergibt eine vorzügliche Stoßdämpfung und läßt Stöße aus Fahrbahnunebenheiten nur zur Hälfte auf den Fahrzeugrahmen gelangen.

Die Dreiachskonstruktion ermöglicht die Einzelbereifung aller Räder und vermeidet dadurch alle üblen Eigenschaften der Doppelbereifung der Hinterräder.

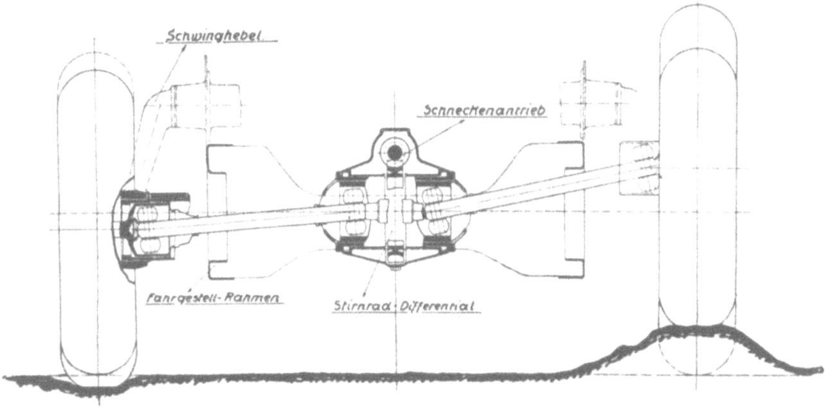

Abb. 92. Schwingachsenausbildung beim Fahrgestell nach Abb. 91.

Ich halte nun das neue Dreiachser-Fahrgestell der Firma Hansa-Lloyd nach Abb. 91 für das gegebenste Trolleybus-Fahrgestell, welches Eigenschaften aufweist, die den englischen Fahrgestellen noch fehlen. Wie aus den Abb. 92 und 93 hervorgeht, sind beide Hinterachsen als Schwingachsen ausgeführt, der Konstruktion, welche den Nutzfahrzeugbau völlig revolutionieren wird. Es ergeben sich zunächst schon durch die hier vorliegende Schwingachsenkonstruktion sehr geringe Gewichte der nur reifengefederten Achsmassen und damit schon sehr günstige Fahreigenschaften. Aber die weitere Anordnung der Balancierfederung zwischen beiden getriebenen Hinterachsen ergibt außer einer Halbierung aller auf den Rahmen einwirkenden Fahrbahnstöße in Verbindung mit der Schwingachse eine vollkommen gleichmäßige Übertragung sowohl der Antriebs-, wie der Bremskräfte, wie auch der Belastung auf alle vier Hinterräder. Es ist dabei ganz gleichgültig, wie der Straßenzustand selbst ist. Die Anpassung der einzelnen Räder an Unebenheiten der Fahrbahn ist immer vorhanden. Damit wird ein sicheres und kräftiges Anziehen und Durchziehen auch in unebenem und bergigem Gelände und eine sichere, gleit- und rutschfreie Wagenlage auch auf vereisten und schlüpfrigen Straßen erreicht.

Die beiden Schneckenantriebe der Hinterachsen sind fest im Rahmen gelagert und unter Einfügung elastischer Verbindungen hintereinander geschaltet. In jedes Getriebe ist ein Differential

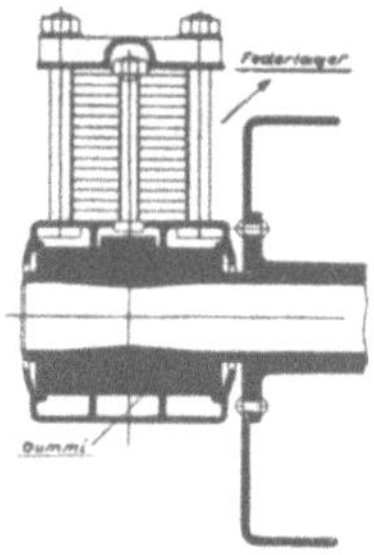

Schnitt durch die Federlagerung.

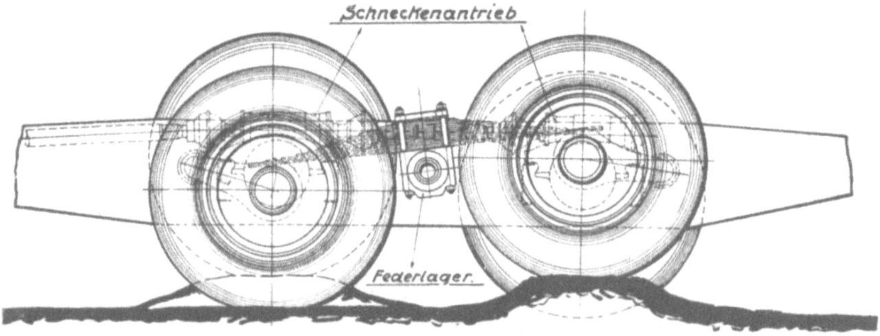

Abb. 93. Geländeanpassung der Räder beim Fahrgestell nach Abb. 91.

eingebaut. Da das Fahrzeug nur für Straßenfahrten und nicht für freies Gelände bestimmt ist, erscheint die Anordnung des dritten Differentials zwischen erster und zweiter Hinterachse (wie bei englischen Wagen) überflüssig.

Sehr geschickt hat auch Hansa-Lloyd die Gepäckbeförderungsfrage bei solchen Trolleybussen gelöst, die zu Überlandfahrten oder für den Vorortverkehr bestimmt sind. Ein kleiner einachsiger Anhänger nach Abb. 94 ist das Beförderungsmittel.

Da sich im Vorortverkehr, aber wohl auch im Stadtverkehr (wenn hier auch nur in Einzelfällen) sicher auch die Notwendigkeit eines Güterverkehrs auf Trolleylinien ergibt, hat man auch einen Lastwagen nach Abb. 95 konstruiert.

In diesem Zusammenhang muß nun noch auf eine Anwendung des Trolleybetriebes aufmerksam gemacht werden, welche man weder in England noch in Deutschland bisher beachtet hat. Die Umwandlung der Straßenreinigungsfahrzeuge zum Trolleybetriebe. Fast alle größeren Städte haben heute große Elektrizitätswerke oder können billigen Strom von Überlandzentralen beziehen. Die Nachtstromfrage ist aber für viele Elektrizitätswerke eine Lebensfrage. Die Straßenreinigung kann wirkungsvoll beim heutigen Stadtverkehr nur Nachts erfolgen. Hier kommen nun zwei wichtige Momente zusammen: einmal die bessere Ausnützung elektrischer Kraftanlagen während der Nachtstunden und anderseits das vollkommen geräuschlose,

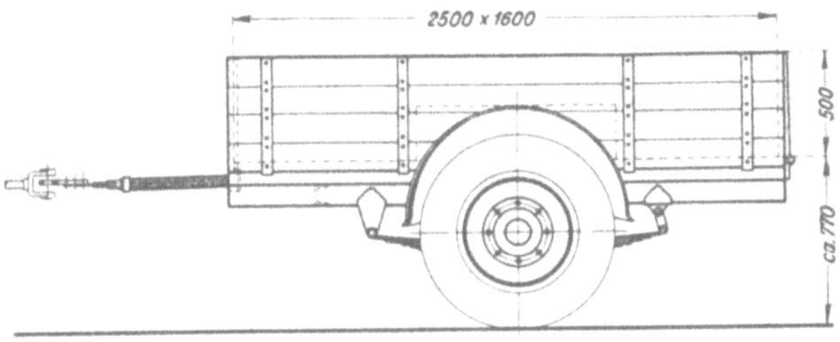

Abb. 94. Gepäckanhänger.

elektrische Oberleitungsfahrzeug, bei dem alle Akkumulatorenmiseren, alle Aktionsradiusfragen mit einem Schlage beseitigt sind.

Der oberflächliche Beurteiler wird erwidern, daß ja nur ein geringer Teil der städtischen Straßen mit Fahrdrahtleitungen versehen ist, mithin auch nur ein Teil der Straßen durch einen solchen auf Straßenreinigung eingestellten Trolleyfahrzeugbetrieb gereinigt werden könne.

Hier liegt aber z. T. ein Trugschluß vor. Einmal wird es schon von großer Wichtigkeit sein, daß gerade die Straßen in wenigen Stunden nachts gründlich gereinigt werden, welche Stromleitung haben. Denn sie haben in den meisten Fällen Tags den Hauptverkehr und sind deshalb am Tage schlecht oder gar nicht zu reinigen. Nachts kann diese Reinigung mit elektrischen Fahrzeugen (mit Stromzuführung) gerade auf durchgehenden, langen Strecken sehr rationell vorgenommen werden. Alle die Momente, die nun seither für eine Anwendung von Straßenreinigungsfahrzeugen mit elektrischem Betrieb gesprochen haben,

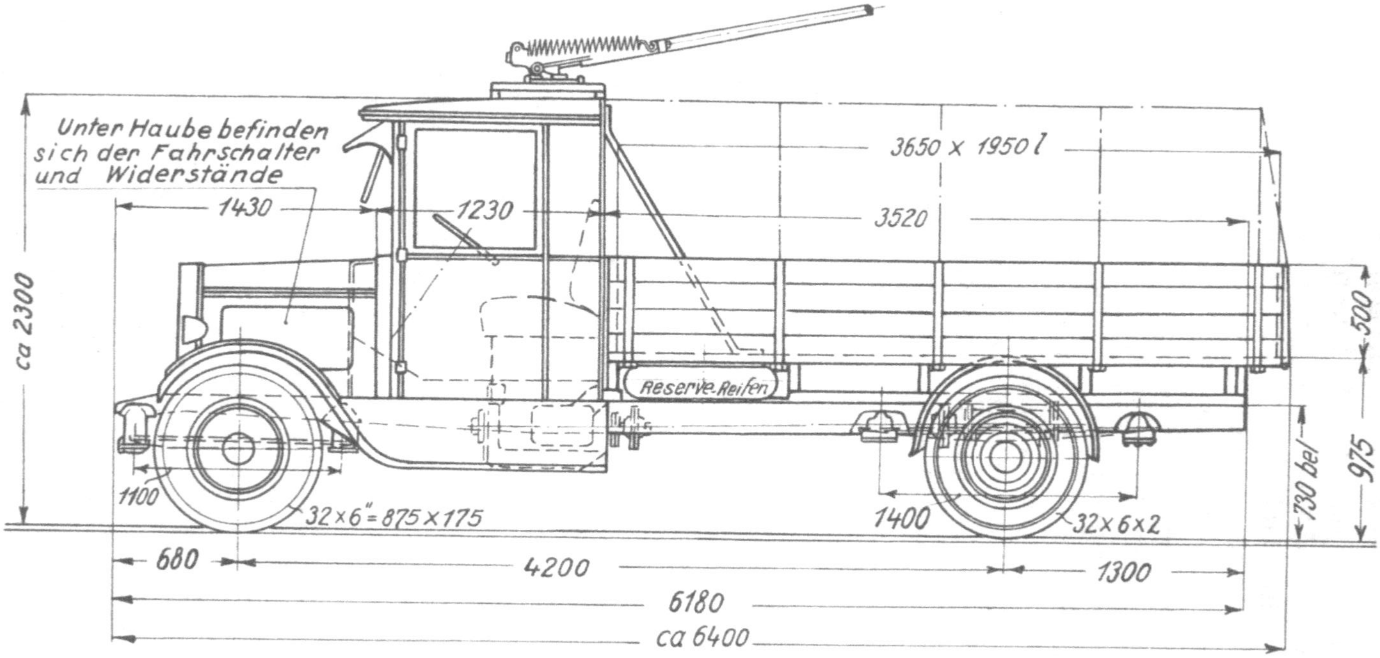

Abb. 95. Trolley-Lastwagen. Hansa L'oyd.

kommen nun im reichsten Maße zur Geltung. Der Fachmann in der Straßenreinigung (der willige natürlich und nicht der voreingenommene, der aus Prinzip alles besser wissende) wird ohne weiteres verstehen, was das bedeutet.

Man denke aber auch an die nächtliche Müllabfuhr, zu der man schon in vielen Städten zurückgekehrt ist und allgemein kommen muß. Eine Müllabfuhr am Tage beim heutigen Verkehr ist immer ein Unding. Und bei einer nächtlichen Müllabfuhr mit elektrischen Oberleitungsfahrzeugen ergeben sich Möglichkeiten, Rationalisierungen, die heute noch gar nicht zu übersehen sind. Man denke an interessierten Stellen die Sache nur einmal folgerichtig durch. Alle Errungenschaften der letzten Jahre (Zubringerdienst, Schnellabfuhr, Geräuschlosigkeit, Staubfreiheit, mechanische Be- und Entladung) lassen sich in einer Weise durchbilden, gegen die solche Einrichtungen beim Benzinbetriebe einfach nicht mehr in Frage kommen. Es würde zu weit führen, hier alles genau zu erörtern. Ich werde aber an anderer Stelle das ganze Problem demnächst gründlich besprechen.

Wer ist der einsichtige, führende städtische Beamte, der sich hier das Verdienst des Reformators erwirbt? Klarer haben Wege eigentlich in allen den Fragen noch nie gelegen! Sie warten nur auf eine geschickte Hand und einen Kopf mit ein bißchen Wagemut.

Hansa-Lloyd bringt auch im Straßenreinigungswesen Erfahrungen mit und so sind auch da die Wege einfach und sicher.

Andere gute Anwendungsmöglichkeiten der Trolleybetriebe weise ich später noch auf.

V. Englische Trolleybuslinien und deren Ergebnisse.

Wenn man in Erwerbsgesellschaften, gleichviel ob privater oder behördlicher Art, zur Einführung neuer Methoden schreitet, so macht man in Deutschland eine „Rentabilitätsberechnung" auf, d. h. man entwickelt in der Theorie eine Wirtschaftlichkeitsberechnung, welche auf einer ganzen Reihe von Annahmen basiert. Mögen diese Annahmen noch so sorgfältig (manchmal sind sie höchst sorglos und fragwürdig) erwogen sein, es bleiben Annahmen und die Ergebnisse stellen sich oft ganz anders als man errechnete. Diese Wirtschaftlichkeitsberechnungen sind ja in der Regel auch für Kreise bestimmt (Aktionäre, Stadträte, Finanzleute usw.), die von der Materie an sich nichts verstehen, denen aber die einfache Tatsache, daß die geplante neue Methode bereits anderweit schon mit Erfolg angewandt wurde, nicht genügt, sondern die besonders überzeugt sein wollen. Daß man bei allen industriellen, bei allen verkehrstechnischen Unternehmungen als erfahrener Techniker nicht eine, sondern eine ganze Reihe solcher „Rentabilitätsberechnungen" aufmachen kann, will den Leuten meist nicht in den Kopf. Daß solche vorher errechneten Rentabilitätsberechnungen gar nichts beweisen, daß sie gar keine Bürgschaft für eine spätere Wirtschaftlichkeit der Anlage selbst bieten, das spricht anerkennenswerterweise z. B. die Garrett & Sons Ltd. in Leiston, welche stark am Bau von Trolleybussen interessiert ist, offen aus. Beim Trolleybus gilt das auch hinsichtlich seiner Gegenüberstellung zu Straßenbahn und Benzinomnibus. Garrett & Sons sagen hier ganz richtig, daß man die örtlichen Verhältnisse zunächst einmal genau berücksichtigen muß (Länge, Steigung, Straßenzustand, Wagenfolge, Omnibuszahl, jährliche Fahrleistung, Stromkosten, Bau- und Umbaukosten usw.). Das gilt nicht nur für den Trolleybus, sondern auch für Straßenbahn und Benzinbus. Gerade beim letzteren kann eine durch die internationale Benzinwirtschaft bedingte Preiserhöhung für den Betriebsstoff sich geradezu katastrophal auswirken. Bei Vergleichen mit Straßenbahnen werden zu oft die hohen, durch die Schienenanlage bedingten Straßenreparaturen vergessen, weil sie meist von einer anderen städtischen Abteilung ausgeführt werden. Will man nun zu Zahlen und zu Übersichten kommen, welche glaubhafte und wirklich geltende Beweismittel darstellen, so ist es, wie Garrett & Sons ganz richtig sagen, viel richtiger, genaue Zahlen einer guten Statistik zusammenzustellen und von diesen her auf neue Anlagen Schlüsse zu machen. So ist man in England zu einer Fülle brauchbarer Zahlen gekommen, von denen wir uns den wichtigsten Teil etwas näher ansehen wollen:

In England hat sich im Laufe der Jahre ergeben, daß die Trolleybus-Meile (1607 m) im Maximum 10 Pence (0,85 Pfennig) kostet, aber meist (vor allem neuerdings), bedingt durch größere Fahrgastzahlen der Trolleybusse, unterschritten wird.

Diese Zahl setzt sich zusammen aus:

Verwaltungskosten usw.		3,0
Generalunkosten (Steuern, Versicherung, allgemeine Geschäftskosten)		1,5
Unterhaltungskosten:		
Reifen	0,8	
Oberleitung	0,3	2,1
Wagenreparatur	1,0	
Stromkosten		1,5
Zusammen		8,1
Dazu Kapitaldienst		1,6
Kosten pro Fahrzeug-Meile gleich 8,245 Pfennig.		9,7 Pence

Das sind aber, wie gesagt, allgemeine, jedoch aus dem Betriebe selbst stammende Zahlen. Um nun weiter genaue Aufstellungen hinsichtlich der Ergebnisse in einer Anzahl von Städten bringen zu können, verwende ich folgende zwei Tabellen, welche in dankenswerter Weise die englische Fachzeitschrift „Motor Transport" in den letzten Jahren gebracht hat und welche so ausführlich gehalten sind, daß sie alle wissenswerten Ziffern enthalten. Es ist dabei zu bemerken, daß die Zahlen als Stichtage den 31. März haben. Leider liegen mir die Zahlen per 31. März 1929 noch nicht vor. Ich weiß aber, aus mir gemachten Angaben, daß sie noch günstiger sind, als die unten folgenden, die schon instruktiv genug sind. (Siehe Tabelle auf S. 130.)

Ich mache ausdrücklich darauf aufmerksam, daß die beiden Tabellen nur Ausschnitte aus dem viel umfassenderen Trolleybusverkehr Englands darstellen und beliebig ergänzt werden können.

Weiter folgt nun eine Tabelle, stammend aus der Zeitschrift „The Tramway and Railway World" (der Konkurrenz des Trolleybusses, also sicher eines unverdächtigen Zeugen), welche den Gesamtstand des Trolleybusdienstes in England in den Jahren 1926/27 und 1927/28 zusammenfaßt.

In letzterer Tabelle habe ich die Umrechnung der Summen in Mark vorgenommen, was in den Tabellen über die Dienst-

Dienstergebnisse 1926—1927.

Stadt	Jahr der Einführung	Wagenzahl	Wagen im Dienst	Sitzplätze	Streckenlänge in Meilen	Jährliche Fahrtlänge in Meilen	Einnahme per Meile d	Netto-Fahrkosten p. Meile d	Brutto-Fahrkosten p. Meile d	Fahrgastzahl	Durchschnittl. Einnahme p. Fahrgast d	Durchschnittl. Meilenkosten d
Ashton-under-Lyne	1925	8	5	37	2,5	210 084	19,53	14,11	17,80	2 330 080	1,75	1,22
Birmingham	1922	16	12	51	2,5	382 062	17,69	12,79	—	5 731 133	1,18	0,68
Halifax	1921	3	1,69	25	2,3	43 484	11,93	13,21	17,56	229 822	2,26	1,01
Ipswich	1923	35	21,5	30	15,29	721 263	11,76	10,35	12,76	6 220 950	1,35	1,19
Keighley	1924	18	9	32—50	—	—	—	—	—	3 595 555	—	—
Rotherham	1912	9	7	26—32	6,96	229 992	9,04	8,99	10,68	782 711	2,62	0,91
Southend	1925	2	2	34	0,89	40 856	14,93	12,87	—	621 495	1,00	1,12
West Hartlepool	1924	31	6	32—48	8,20	186 069	12,45	12,94	16,80	1 708 178	1,35	1,11
Wolverhampton	1923	33	21	35—61	8,50	730 517	14,79	11,46	—	4 619 896	1,62	1,11
York	1921	4	3	20	1,50	65 124	14,30	10,73	17,79	492 035	1,86	—

Dienstergebnisse 1927—1928.

Stadt	Jahr der Einführung	Wagenzahl	Wagen im Dienst	Sechsradwagen	Sitzplätze	Streckenlänge in Meilen	Jährliche Fahrtlänge in Meilen	Einnahme per Meile d	Netto-Fahrkosten p. Meile d	Brutto-Fahrkosten p. Meile d	Fahrgastzahl	Durchschnittl. Einnahme p. Fahrgast d	Durchschnittl. Meilenkosten d
Ashton-under-Lyne	1925	8	5	—	37	2,5	220 258	18,92	13,62	17,54	2 403 955	1,73	1,20
Birmingham	1922	17	14	—	51—52	2,5	428 503	17,03	13,08	—	6 338 849	1,15	0,68
Darlington	1927	24	18	—	31	8 32	759 874	12,70	9,9	12,69	7 508 092	1,29	1,20
Grimsby	1926	7	4	—	32	1,5	221 488	15,13	10,32	—	3 345 358	1,00	0,97
Ipswich	1923	36	27	—	30	16,79	1 082 147	12,57	9,74	12,06	10 248 078	1,31	1,12
Nottingham	1927	10	9	—	52	2,5	383 801	17,68	11,66	—	5 265 175	1,29	0,94
Ramsbottom	1913	4	2	—	26	3,44	42 058	9,60	12,44	15,43	289 262	—	—
Rotherham	1912	12	8	1	32	7,00	350 913	10,04	8,28	9,97	1 233 303	2,85	0,72
Southend	1925	4	2	1	—	0,89	45 889	14,48	14,35	14,71	681 284	1,00	1.12
West-Hartepool	1924	31	18	—	32—48	8,20	606 877	15,86	11,33	15,08	6 062 873	1,58	1,11
Wolverhampton	1923	49	31	17	36—61	18,5	1 517 599	17,22	10,97	—	13 163 281	1,78	1,11
York	1921	3	3	—	20	1,25	78 465	14,28	7,63	13,42	594 644	1,86	—

hat sich durch das starke Aufkommen des Dreiachsers im Trolleybusbetriebe die Zahl der Sitzplätze stark erhöht.

Ich mache nun zunächst noch einige Angaben über die einzelnen Fabriken, welche Trolleybusse herstellen:

1. Garrett & Sons Ltd., Leiston, lieferte u. a.:

The Bradford Corporation Tramways . . .	8 Buses
The Grimsby Corporation Tramways . . .	7 Buses
The West Hartlepool Corporation Tramways	12 Buses
The Mexborough and Swinton Tramways Co.	27 Buses
The Ipswich Corporation Tramways	15 Buses
The St. Helens Corporation Tramways . . .	4 Buses
The Doncaster Corporation Tramways . . .	4 Buses (Six-Wheelers)
The Southend Corporation Tramways . . .	6 Buses (Six-Wheelers)
The Lima Light, Power & Transport Co. . .	6 Buses
Nordsjaellands Elektricitets og Sporvejs Aktieselskab, Copenhagen	7 Buses

2. Die meisten Trolleybusse stammen jedoch her vor der Firma English Electric Co. Ltd. in London. Aber auch Ransomes Siems & Jefferis in Ipswich und Guy in Wolverhampton haben große Stückzahlen von Trolleybussen gebaut. Dann folgen die Assoc. Daimler in London, welche in diesem Frühjahr mit neuen Fahrzeugtypen herauskommt, die in Kapitel III, Abschn. 3b beschrieben wurden. Die Bristol Tramways and Carriage Co. Ltd. in Bristol hat auf der letzten Londoner Lastkraftwagen-Ausstellung im November 1929 ein recht beachtliches neues Dreiachser-Trolleybus-Fahrgestell gezeigt. Clough, Smith & Co. in London arbeiten zusammen mit der angesehenen Karrier Motors Co., London und Huddersfield, und verwenden deren vorzügliche Fahrgestelle. Die Firma Tilling-Stevens Motors Ltd. in London teilt mir kurz vor Beendigung der Arbeiten an diesem Buche mit, daß sie demnächst mit neuen Konstruktionen herauskomme. Diese Firma hat bereits in den letzten Jahren solche Fahrzeuge gebaut.

Nachdem wir nun einen allgemeinen Überblick gewonnen haben, wollen wir uns noch spezielle Verhältnisse ansehen und ich beginne mit der Stadt Wolverhampton, von welcher wichtiges Zahlenmaterial vorliegt. Hier liegen auch aus dem Betrieb stammende Vergleichszahlen zu Straßenbahn und Benzinomnibus vor. Ich bringe also hier sechs Tabellen, die eigentlich ohne jeden Kommentar alles sagen, was wichtig ist.

Tabelle 1.

Betriebsleistungen und Verkehr.

	Straßenbahn	Oberleitungs-Wagen	Kraft-Omnibus
Wagenkilometer (Wkm)	1 399 586	1 176 132	2 401 664
Beförderte Fahrgäste	15 969 405	4 619 896	6 746 172
Zahl der Fahrzeuge	29	33	47
Durchschnittszahl der täglich im Betrieb befindlichen Fahrzeuge	25	21	39
Energieverbrauch für den Wkm	1,016 kw	0,781 kw	—
Kosten der Antriebsenergie für den Wkm	12,35 Pf.	9,45 Pf.	13,68 Pf.
Im Tagesdurchschnitt geleist. Wkm	158	158	172
Reisegeschwindigkeit in der Stunde	12,018 km	14,499 km	12,943 km
Durchschnittliche Betriebskosten für das Wkm einschließlich Strom- und Benzolkosten	69,2 Pf.	59,3 Pf.	63,4 Pf.
Durchschnittspreis auf d. Fahrgast	8,86 Pf.	7,37 Pf.	11,59 Pf.
Durchschnittseinnahme a. d. Wkm	99,7 Pf.	76,6 Pf.	82,6 Pf.
Bevölkerungszahl im Verkehrsgebiet	—	337 751	—
Jährliche Fahrtenzahl auf den Kopf der Bevölkerung	47,2	13,7	20,0

Tabelle 2.

Zusammensetzung der Betriebskosten in Tabelle 1.

Gegenstand	Auf das Wagenkilometer					
	Straßenbahn		Oberleitungs-Wagen		Kraft-Omnibus	
	Pf.	%	Pf.	%	Pf.	%
Strom bzw. Benzol	12,35	17,8	9,47	15,9	13,68	21,6
Unterhaltung und Ausbesserungen	14,11	20,4	8,58	14,4	10,65	16,8
Betrieb und Verwaltung	30,94	44,8	30,41	51,4	33,23	52,4
Allgemeine Unkosten	11,85	17,0	10,84	18,3	5,80	9,2
Zusammen	69,25	100,0	59,30	100,0	63,36	100,0

Tabelle 3.

Unterhaltungs- und Ausbesserungskosten.

Gegenstand	Kosten für das Wagenkilometer von		
	Straßenbahn	Oberleitungs-Wagen	Kraft-Omnibus
	Pf.	Pf.	Pf.
Oberbau	5,98	—	—
Elektrische Streckenausrüstung	1,79	1,80	—
Wagen mit Ausrüstung	5,26	5,62	9,63
Baulichkeiten m. fester Ausrüstung	0,35	0,89	0,75
Werkzeuge- und Werkstättenausrüstung	0,31	0,07	0,07
Sonstige Fahrzeuge	0,42	0,197	0,202
Zusammen	14,11	8,58	10,65

Tabelle 4.
Verkehrskosten.

Gegenstand	Kosten für das Wagenkilometer von Straßenbahn Pf.	Oberleitungs-Wagen Pf.	Kraft-Omnibus Pf.
Allgemeine Verwaltung	0,83	0,48	0,47
Fahrplan-, Verkehr- und Kassenangestellte	0,43	0,50	0,49
Löhne der Fahrer und Schaffner	23,15	20,50	22,10
Reinigen und Schmieren der Fahrzeuge	3,05	3,25	4,51
Reinigen, Salz- und Sandstreuen für die Gleise	0,74	—	—
Heizung, Beleuchtung, Reinigung der Depots	0,70	0,59	0,49
Fahrkartenüberwachung	1,55	1,58	1,53
Uniformen und Ausrüstung des Personals	0,27	0,32	0,31
Verkehrsausrüstung auf d. Strecken	0,01	0,04	0,02
Fahrerlaubnis und Fahrzeugsteuer	0,21	3,15	2,58
Omnibusmiete	—	—	0,59
Straßen-Unterhaltungsbeiträge	—	—	0,14
Zusammen	30,94	30,41	33,23

Tabelle 5.
Allgemeine Unkosten.

Gegenstand	Auf das Wagenkilometer Straßenbahn Pf.	Oberleitungs-Wagen Pf.	Kraft-Omnibus Pf.
Steuern	5,79	5,58	0,36
Unfallversicherung	0,79	1,45	1,57
Angestellten- und Haftpflichtversicherung	0,21	0,17	0,18
Gehälter der Oberbeamten und Beamten	1,34	1,54	1,49
Mieten und Pachten	1,59	0,26	0,32
Drucksachen, Schreibmaterial	0,50	0,50	0,51
Unterhaltung der Diensträume	0,08	0,05	0,05
Beiträge zur Ruhegehaltskasse	0,16	0,17	0,16
Kranken- und Arbeitslosenunterstützungen usw.	0,65	0,71	0,71
Telephone usw.	0,09	0,11	0,10
Rechtsbeistand und Parlamentskosten	0,02	0,01	0,02
Verschiedenes	0,27	0,28	0,31
Unkosten betr. Anleihefonds	0,36	0,01	0,02
Zusammen	11,85	10,84	5,80

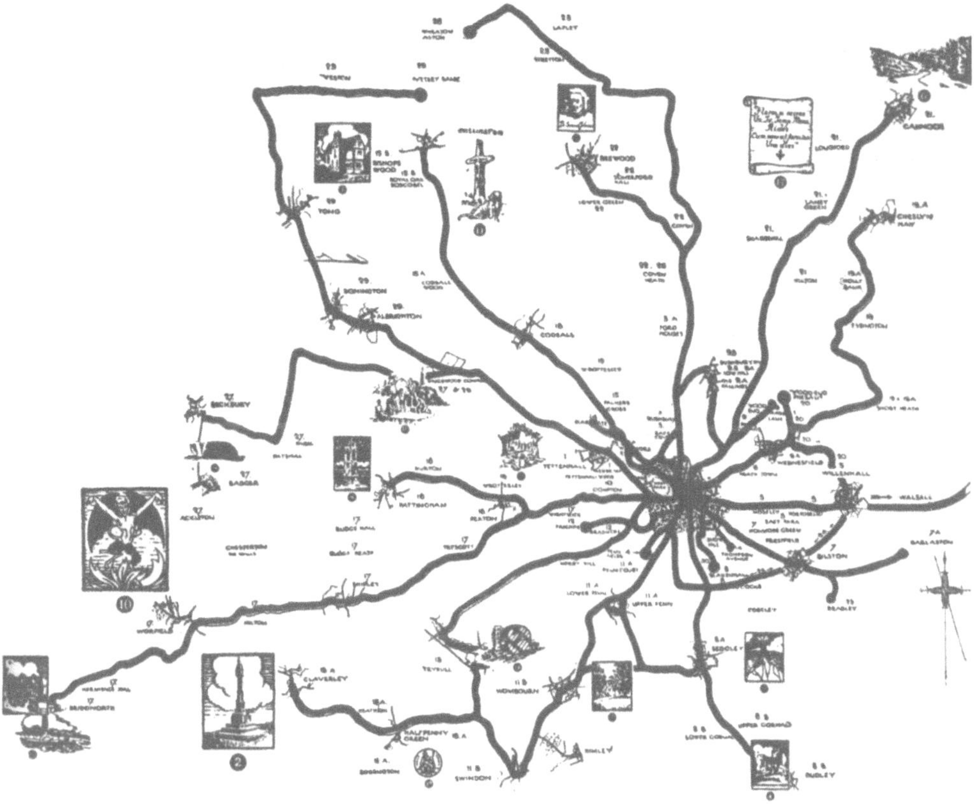

Abb. 96.

Jahr, endend je am 31. März	Meilenleistung Straßen-bahn	Benzin-omnibusse	Trolley-busse	Einnahmen	Betriebs-Unkosten	Brutto-Ertrag
				£	£	£
1914	1 195 326	48 511	—	59,274	34,596	24,678
1918	1 096 868	130 132	—	84,325	51,542	32,783
1919	1 115 139	126 076	—	98,998	64,432	34,566
1920	1 318 625	206 623	—	127,283	103,364	23,919
1921	1 269 139	276 130	—	151,734	130,431	21,303
1922	1 255 827	394 781	—	156,414	122,615	33,799
1923	1 260 095	452 320	—	142,665	100,290	42,375
1924	1 213 548	607 152	93 406	151,990	106,757	45,233
1925	1 070 514	817 220	252 767	173,320	117,661	55,659
1926	1 067 408	1 027 619	561 439	197,371	139,921	57,450
1927	869 308	1 491 717	730 517	215,091	160,639	54,452
1928	314 306	1 699 698	1 517 599	254,380	172,491	81,889
Sechs Monate, endend am 30. Sept. 1928	123 664	624 087	991 687	141,605	—	—

In Tabelle 6 sind die Betriebskosten in Birmingham im Jahre 1922 und in Wolverhampton im Jahre 1927 miteinander verglichen.

Tabelle 6.

	Auf das Wagenkilometer von Straßenbahn		Oberleitungs-Wagen		Kraft-Omnibus	
	Pf.	%	Pf.	%	Pf.	%
Birmingham, 1922 (1. Betriebsjahr)	76,8	100	65,7	86,0	79,9	103,5
Wolverhampton, 1927 (nach mehrjährigem Betrieb)	69,2	100	59,3	85,6	63,36	91,5

Hiernach betrugen die wagenkilometrischen Betriebskosten bei der Oberleitungsanlage in Birmingham 86 %, in Wolverhampton 85,6 % derjenigen der Straßenbahn.

Wenn man also heute noch in Deutschland behauptet, daß die Straßenbahn das wirtschaftlichste Verkehrsmittel sei, dann redet man in Unkenntnis der wirklichen neueren Verhältnisse oder man ist bösen Willens.

Die Stadt Wolverhampton ist typisch für Vergleichsverhältnisse und hat ein großes Netz von Trolleylinien ausgebaut, welches Abb. 96 sehr anschaulich darstellt. Wie sich hier Straßenbahn, Benzinomnibus und Trolleybus zueinander verhalten in einer über viele Jahre gehenden Entwicklung zeigt die nachstehende Tabelle sehr instruktiv.

Der Generalmanager des Wolverhampton Corporation Transport Departments, Mr. C. O. Silvers, hat nun eine interessante Aufstellung über die Kosten für je 100 Wagensitzmeilen für Benzinomnibusse, Trolleybusse und Straßenbahnwagen gemacht, wie sie sich in seinen Betrieben ergeben haben, welche nachstehend gebracht wird. Sie ist aufgestellt im Jahre 1928; Stichtag 31. März.

Benzinomnibus.

Durchschnittl. Fahrzeugsitze	1925 32	1926 32	1927 35	1928 36
Unterhaltung u. Reparaturen	5,15	6,550	5,88	7,856
Verkehrsausgaben	20,43	20,469	18,34	17,319
Brennstoff	7,43	7,425	7,543	5,2
General-Unkosten	3,59	3,671	3,203	2,883
Betriebs-Aufsicht	—	0,056	0,054	0,022
Gesamt-Betriebsausgaben .	36,62	38,171	35,02	33,280

Trolleybus.

Durchschnittl. Fahrzeugsitze	1925 37	1926 37	1927 38	1928 45
Unterhaltung u. Reparaturen	4,54	3,996	4,352	4,171
Verkehrsausgaben	14,73	16,119	15,474	12,253
Kraftverbrauch	4,72	4,606	4,813	3,696
General-Unkosten	5,76	5,008	5,495	4,238
Betriebs-Aufsicht	—	0,016	0,016	0.015
Gesamt-Betriebsausgaben .	29,82	29,745	30,15	24,373

Straßenbahn.

Durchschnittl. Fahrzeugsitze	1925 46	1926 46	1927 52	1928 53
Unterhaltung u. Reparaturen	6,39	6,665	5,240	5,479
Verkehrsausgaben	12,15	12,993	11,512	11,117
Kraftverbrauch	5,26	4,822	4,598	3,327
General-Unkosten	5,68	5,185	4,396	4,656
Gesamt-Betriebsausgaben .	29,50	29,665	25,746	24,579

In dieser Aufstellung ist besonders gut zu beobachten, wie sich die Kosten vermindern, je höher die Wagensitzzahlen ansteigen. Das gilt natürlich besonders auch für den Dreiachser-Trolleybus und besonders den Doppeldecker. Sein Einfluß kann sich aber auch in Wolverhampton noch nicht völlig auswirken, weil die Eindecker und die Fahrzeuge mit geringen Sitzzahlen noch zu zahlreich sind. Aber schon jetzt hat sich, wie schon in der Tabelle 6 angeführt, die unumstößliche Tatsache ergeben, daß der Trolleybusbetrieb billiger ist als die Straßenbahn.

Es ist dabei noch sehr zu beachten, daß sich bei der Umwandlung der Straßenbahnlinien in Trolley- resp. in Benzinomnibuslinien Verkehrssteigerungen erheblichen Maßes ergeben haben. Die Einnahmen einzelner Linien stiegen um 13 bis zu 61 %, bei einem Durchschnitt von 33 %.

Interessant ist nun noch eine Gegenüberstellung der auf jeden Fahrgast entfallenden Wagengewichtsanteile, wie sie sich in England allgemein ergeben hat. Die Firma Guy Motors Ltd. in Wolverhampton hat da eine sehr gute Gegenüberstellung gemacht, die hier folgt:

1. Alter Straßenbahnwagen mit 52 Sitzplätzen . . . . . 232,65 kg
2. Moderner leichter Straßenbahnwagen mit 60 Sitzen . 164,25 kg
3. Moderner Straßenbahnwagen mit 80 Sitzen . . . . 189,00 kg

4. Eindecker-Trolleybus mit 40 Sitzen (kein Guy-Fabrikat) . . . . 137,25 kg
5. Luftbereifter Benzinomnibus mit 30 Sitzen (Fabrikat Guy) . . . . 126,00 kg
6. Doppeldeck-Benzinomnibus mit 50 Sitzen (nicht Guy) 120,15 kg
7. Geschlossener Doppeldeck-Dreiachser-Benzinomnibus mit 55 Fahrgästen . . . . 103,50 kg
8. Geschlossener Trolley-Doppeldecker m. 61 Fahrgästen 94,95 kg
9. Geschlossener Trolley-Doppeldecker m. 65 Fahrgästen (mit überdachter Treppe) . . . . 96,75 kg

Diese Zahlen geben die Erklärung für die wesentlichsten Betriebserfolge des Trolleybusses. Je geringer das spezifische Wagengewicht pro Fahrgast, je höher die Erträge, je geringer die Reparaturen und je länger die Lebensdauer der Fahrzeuge. Was noch zur Erhöhung der Lebensdauer dieser Fahrzeuge beiträgt, wird später noch erläutert werden.

Ganz ähnlich liegen die Dinge in allen englischen Städten, welche zum Trolleybus übergegangen sind. So sagt die Stadt Bradford (die zuerst vor dem Kriege Trolleybusse einführte), daß man in den ersten 15 Jahren seit der Einführung mindestens 820 000 M. erspart habe, in welcher Summe aber noch nicht die Vorteile berücksichtigt sind, welche sich aus der freien Beweglichkeit der Trolleybusse ergeben haben und der damit verbundenen Fähigkeit, Betriebsstörungen zu vermeiden. Die Fahrgeschwindigkeit der Trolleybusse liegt mit durchschnittlich 8,3 Meilen/Std. erheblich über der der früheren Straßenbahn mit 7,3 Meilen/Std. Das würde eine weitere Ersparnis von 400 000 M. in 15 Jahren bedeuten. Man hat errechnet, daß sich die Betriebskosten pro Wagen/Meile um 3—4 Pence, also 25—34 Pfennig, beim Trolleybus geringer stellen als früher bei der Straßenbahn.

Die Stadt Keighley hat ihre gesamte Straßenbahn durch Trolleybusse ersetzt, weil man herausgefunden hat, daß bei erheblich höherer Anfahr- und auch Durchschnittsgeschwindigkeit die Betriebskosten beim Trolleybus wesentlich geringer sind.

West Hartlepool gibt an, daß sich die Wagen/Meilenkosten beim Trolleybus gegen die Straßenbahn um 2,97 Pence, zirka 25 Pfennig, ermäßigt haben.

Die Mexborough and Swinton Tramways haben ihre Trolleybusse stark vermehrt, weil die Erfahrungen mit diesen sehr gut waren. Im Juni 1927 kamen die ersten 3 Stück in Betrieb. Im August 1928 folgten weitere 9, im Oktober 1928 schon wieder 12 und im Januar 1930 vorerst wieder 3 Stück. Zusammen sind also jetzt 30 Stück Trolleybusse (alle Fabrikat Garrett) im Betriebe und werden auf zwei Linien mit 3—15 Minuten-Dienst verwandt. 1928 wurden bereits 6 250 000 Fahrgäste befördert.

Instruktiv ist der Bericht von Ipswich.

1923 begann hier der Umbau der Straßenbahnen in Trolleybuslinien, der 1926 beendet war. 1923 begann man mit 3 Trolleybussen, 1924 folgten weitere 4, 1926 noch 5, aber 1927 waren es schon 35, dann 1928 bereits 37, und endlich 1929 dann 41 Stück, die im Dienst waren. Man ist also vorsichtig und allmählich, dann aber sehr stark ans Werk gegangen. Die Wagen stammen von Ransomes, von Garrett und von Tilling-Stevens. Ransomes ist in der Überzahl. Alle Fahrzeuge haben 30 Sitzplätze. Luftbereifung wird erst neuerdings verwandt, sonst ist Vollgummi und Kissenbereifung angewandt worden.

Der Umbau der Oberleitung erfolgte von der Straßenbahn her durch Hinzufügung eines zweiten Fahrdrahtes und war daher mit geringem Kapital durchführbar. Maßgebend für die Einführung des Trolleybusses waren zwei Tatsachen: das Vorhandensein eines ziemlich großen städtischen Elektrizitätswerkes und weiter eine große Zahl von engen Straßen, für die man das geräuschlose und auspuffreie Trolleyfahrzeug als besonders angenehm erwartete. Das hat sich auch erfüllt.

Die Linien sind 26,9 km lang, davon die größte 7,25, die kleinste nur 1,03 km. Mit Ausnahme der größten Linie ist 10 Min. Wagenfolge eingerichtet. Die durchschnittliche Fahrgeschwindigkeit beträgt 14,12 km/st.

Die Steigungen der Straßen sind auf einzelnen Linien sehr erneblich. Sie werden aber von den Trolleybussen viel leichter und sicherer durchfahren als von Benzol-Omnibussen.

Das Personal ist aus dem Straßenbahndienst übernommen worden, was einfach und schnell vonstatten ging. Es ist ein 16 Stunden Fahrdienst auf allen Linien eingerichtet (von morgens 6.15 Uhr bis abends 10.45 Uhr). Die Fahrzeuge arbeiten mit Einmannbetrieb in allen verkehrsarmen Stunden.

Nun die Vergleichzahlen aus den Jahren 1922/23 Trambetrieb gegen 1928/29 Trolleybusbetrieb:

	1922/23	1928/29
Minimalfahrgeld	1,5 d. (ca. 0,125 M.)	1,0 (ca. 0,08 M.)
Gefahrene Kilometer	924 000	1 940 000
Zahl der Fahrgäste	5 541 339	11 313 791
Durchschnittsgeschwindigkeit .	11,75 km/Std.	14,12 km/Std.
Fahrgeldeinnahme pro km . .	11,00 d.	7,72 d.
Betriebsausgaben pro km . .	10,19 d.	6,00 d.
Fahrten pro Kopf der Einwohnerzahl	68,45	131,69

Was an den Zahlen vor allem auffällt ist der 100 %ige Anstieg der Fahrten pro Kopf der Bevölkerung. Das ist ein gutes Zeichen für die Popularität der Trolleybusse. Und diese resultiert aus ihren guten Fahreigenschaften und der höheren Geschwindigkeit. Bei niedrigerem Fahrgeld als der Straßenbahn bringt natürlich der Trolleybus eine niedrigere Fahrgeldeinnahme pro Kilometer, hat aber dafür auch weit niedrigere Betriebsausgaben. Arbeitete 1923 die Straßenbahn mit einem Betriebsverlust von 63 860 M., so ergab der Trolleybusbetrieb 1928 einen Überschuß von 45 000 M. Zu diesem Gewinn ist noch ein wesentlicher Faktor in Rechnung zu setzen. Zwei Millionen elektrischer Einheiten verbrauchte allein der Trolleybusbetrieb vom Elektrizitätswerk, wodurch sich gleichzeitig eine weit bessere Rentabilität desselben ergab als früher beim wesentlich kleineren Straßenbahnbetriebe. Der weitere Ausbau der Trolleybuslinien wird deshalb energisch betrieben.

Interessant sind weiter die Ergebnisse eines Liniennetzes in Ostasien, das mit englischen Fahrzeugen nach englischen Systemen betrieben wird:

Die Singapore Traction Co. meldet:

Das am 30. September 1929 endende Geschäftsjahr schloß mit einem Jahresreingewinn von 1 021 960 M., also 276 780 M. mehr als im Vorjahre. Die Gesamtlänge der Trolleybuslinien hat sich gegen das Vorjahr um 23,8 km vermehrt. Im Vergleich zum vorausgegangenen Jahre stieg die Zahl der Fahrzeug/Meilen um 26,9 %, die Zahl der Fahrgäste um 19,4 % und die Fahrgeldeinnahme um 22,3 %. Ende September 1928 waren bereits 108 Trolleybusse und nur noch 7 Benzinomnibusse im Betriebe.

Wenn ich alle mir vorliegenden Gutachten und Betriebsergebnisse englischer Städte und Fachleute veröffentlichen wollte, müßte ich den Umfang dieses Buches verdoppeln. Ich schließe daher diese Ausführungen mit einem sehr ausführlichen und zutreffenden Gutachten des bekannten englischen Fachmannes J. Baldwin-Webb, der in der „Birmingham Post" wie folgt schreibt:

Der elektrische Omnibus.

Die Zukunft von städtischen Verkehrsanstalten ist augenblicklich von genügend Interesse angesichts des Umstandes, daß die Straßenbahnwagen der Linien nach Hadley und Bolton außer Dienst gestellt werden sollen, daß es geboten ist, sich darüber Rechenschaft abzulegen, was für eine Art Beförderungsmittel sich den modernen Verhältnissen am besten angepaßt erweist und für die Zukunft die besten Dienste zu leisten verspricht.

Ich persönlich befürworte die Einführung der modernsten Ausführung von elektrischem Omnibus, wobei ich die Eigenschaft „modern“ besonders betone, damit man sich nicht etwa ein Bild vorstellt, wie etwa den veralteten Wagentypus, wie er auf der Route nach Nechells zu sehen ist.

Die neue Ausführung von elektrischen, gleislosen Omnibus vereinigt hohe Fahrgeschwindigkeit und Reisebequemlichkeit mit Sicherheit und Wirtschaftlichkeit im Betrieb. Dies ist, in wenigen Worten zusammengefaßt, der hauptsächlichste zu seinen Gunsten gegenüber Tram und Autoomnibus anzuführende Vorteil. Er läuft an und nimmt an Fahrgeschwindigkeit zu mit einer Beschleunigung und Sanftheit, in der ihm kein anderes Fahrzeug gleichkommt, und ist es an dieser Stelle wohl nicht unangebracht, den Rat anzuführen, der an die Stadtverwaltung von Ipswich im Jahre 1925 seitens Mr. Alfred Baker, dem verstorbenen Generaldirektor des Birmingham - Straßenbahnwesens, erteilt wurde. Dieser führte damals aus: „Der größte zugunsten des Autoomnibusses zu nennende Vorteil ist seine große Beweglichkeit. Er läßt sich bei Bedarf jederzeit von einer Linie wegnehmen und auf eine andere übertragen. Nachdem dies zugestanden ist, so ist über dessen Vorteil gegenüber dem elektrischen Omnibus alles gesagt. Vom Standpunkte der Betriebsspesen, der Bequemlichkeit im Fahren erweist sich keine andere Wagenart erfolgreicher als der moderne, gut ausgebildete elektrische Omnibus.

Das System des elektrischen gleislosen Omnibusses ist im Betrieb zuverlässig, erweist sich im Lauf ruhiger als Straßenbahnwagen oder Autoomnibus, und dank dem überflüssig gewordenen Rädergetriebe gestaltet sich seine Beschleunigung und Verzögerung nahezu vollkommen, wobei Stöße, wie sie bei Motoromnibussen fortwährend vorkommen, gänzlich vermieden sind. Was die Betriebskosten anbelangt, so stellen sich die Auslagen für den Betrieb von Autoomnibus höher als für Straßenbahnwagen oder elektrische Omnibusse, und bin ich auf Grund meiner eigenen Betriebserfahrungen überzeugt, daß die Betriebskosten diejenigen von elektrischen Omnibussen um mindestens 2 Pence pro Meile (10 Pf. pro Kilometer) überschreiten dürften.“

Es ist hervorzuheben, daß jener Bericht bereits im Jahre 1925 erstattet wurde, und sind in der Zwischenzeit von vier Jahren weitere Verbesserungen durchgeführt worden, die zugunsten des elektrischen Omnibusses sprechen. Folgende Angaben sind insbesondere zu betonen:

a) Der elektrische Omnibus besitzt sämtliche Vorzüge von ruhigem Fahren und Bequemlichkeit. Kein geräuschvolles Zahnradgetriebe und keinerlei Auspuffgase. Ferner sind elektrische Omnibusse reinlicher im Betrieb als Autoomnibusse, da kein Öl auf den Straßendamm tropft. Und namentlich ist der gleislose Omnibus weit sicherer in bezug auf Gefahr von Feuerausbruch.

b) Der elektrische Omnibus ist im Bereich seiner eigenen Betriebslinie ebenso beweglich als irgendeine andere Art von Kraftwagen, indem die lange Stromabnahmestange es dem Fahrzeug ermöglicht, die Gesamtbreite der Straße zu befahren. Dank dieser Fähigkeit ist er imstande, zwecks Ein- und Ausstiegs von Fahrgästen am Rande anzuhalten. Dabei ist es nachgewiesen worden, daß vier elektrische Omnibusse imstande sind, fünf Straßenbahnwagen zu ersetzen. Da nun die neuesten Gesetzesbestimmungen über schwere Kraftwagen es nunmehr zulassen, Sechsradauto- oder elektrische Omnibusse bis zu 72 Sitzplätzen in Dienst zu stellen, so scheint es, als ob der elektrische Omnibus dank seiner größeren Fähigkeiten und Geschwindigkeit mit Bezug auf Leistungsfähigkeit einem Straßenbahnwagen von 90 Sitzplätzen gleichkommt, und daher imstande sein sollte, den höchsten Verkehrsansprüchen zu genügen.

c) Angesichts der seitens der verschiedenen Kraftstationen im Lande erzeugten, fortdauernd zunehmenden Mengen elektrischer Energie und folglich des größeren Maßstabes, in welchem Erzeugung und Verteilung von elektrischer Kraft durchgeführt werden kann, zeigt der Preis elektrischer Kraft für den Konsumenten eine fortdauernd abnehmende Tendenz. Aus diesem Grunde ist es den Betrieben, die elektrische Omnibusse verwenden, im Gegensatz zu Autobusbetrieben möglich, einen genauen Voranschlag darüber aufzustellen, wie hoch sich die Betriebsauslagen auf eine Reihe von Jahren hinaus stellen werden. Beim Autobus hingegen wäre es kühne Anmaßung, einen Voranschlag aufzustellen, was der Brennstoffverbrauch nach Verlauf von einem Jahre ausmachen dürfte. Sämtliche Sachverständige auf dem Gebiete des Kraftwagenwesens sind sich darüber einig, daß eine Zunahme des Benzinpreises eher zu gewärtigen ist als eine Abnahme. Beiläufig bemerkt tut jeder Liter Benzin, der in diesem Lande an Stelle von Dampf oder Elektrizität unnötigerweise verbraucht wird, unserem Kohlenbergbau Schaden. Wo elektrische Omnibusse gewöhnliche Straßenbahnwagen verdrängen, ist die Umänderung der oberirdischen Stromzuleitung nicht besonders kostspielig, und ist vielleicht der beste, dem Publikum erwiesene Dienst, wenn nun einmal Straßenbahnwagen zugunsten neuerer Verkehrseinrichtungen außer Dienst zu stellen sind, die Beibehaltung des Energiekonsums für die Kraftstationen, und ist in diesen Tagen, wo große Änderungen durchgeführt werden, um die elektrische Kraft zu verbilligen, die Erhaltung eines guten Konsumfaktors von großer Bedeutung. Ferner trägt die außerordentlich einfache Ausrüstung eines elektrischen Omnibusses dazu bei, die Reparaturkosten weitaus geringer als diejenigen des Benzinautobusses zu halten.

d) Die Mehrzahl der Straßenbahnwagenführer lassen sich zum Führen eines gleislosen Omnibusses ausbilden, dank seiner einfachen Bedienung, was zum Teil auf die Abwesenheit von Rädergetriebe zurückzuführen ist, wohingegen es vielen derselben zweifelsohne schwer fallen dürfte, sich zum Führen von Autobussen auszubilden.

e) Der elektrische Omnibus zieht die erforderliche Energie aus der oberirdischen Stromzuleitung; da er jedoch keine Gleise benötigt, wird er nur mit Bezug auf die Tragmasten besteuert, die zum Tragen der oberirdischen Stromleitung erforderlich sind.

f) Beim elektrischen Omnibus verringern sich auch die Bereifungskosten dank der konstanteren Torsionskraft des Elektromotors, sowie der Ausschaltung von Stößen, wie sie beim Getriebewechsel vorkommen. Wie verlautet, stellt sich die Lebensdauer der Reifen von elektrischen Omnibussen um 5—6 % länger als diejenige für Benzinkraftwagen.

g) Es hat sich erwiesen, daß der elektrische Omnibus gegenüber den gewöhnlichen Straßenbahnwagen einen ausgesprochenen höheren Verdienst abwirft und sich auch besser bezahlt macht als der Autobus. Aus den Straßenbahn-Rechnungsablagen der neuesten Zeit seien lediglich die folgenden Betriebsspesen vergleichsweise hervorgehoben, auf den einzelnen Fahrgast bezogen:

Elektrischer Omnibus	0.928	Penny
Straßenbahn	1.232	„
Autobus	2.169	„

Es dürfte somit auf der Hand liegen, daß die Umstände beträchtlich zugunsten des elektrischen gleislosen Omnibusses sprechen.

Olton, Warwickshire. J. Baldwin-Webb.

Ich werde im nächsten Abschnitt noch weitere Vorzüge des Trolleybusses anführen. Aber man kann sonst kaum treffender die Materie zusammenfassen, als das Mr. Baldwin-Webb getan hat.

Zu allen obigen Tabellen und Ausführungen ist nur noch ein Faktor eminenter Wichtigkeit in Rechnung zu setzen: Der Wirklichkeitssinn des Engländers, des geborenen Kaufmannes. Man nennt bei uns halb verächtlich den Engländer einen Geschäftemacher. Wir sind das meist nicht, sondern entweder Phantasten oder Pfennigfuchser. Besonders unsere Behörden wirtschaften lieber mit Einrichtungen, die dauernd an Reparaturkosten das verschlingen, was eine gründliche Reformation auch kosten würde. Und die Reformation brächte dann Gewinne und jetzt hat man ständig Defizite zu decken und hindert obendrein Verkehr und Fortschritt.

Der Engländer hat die glückliche Anlage, Situationen und Vorzüge von Systemen gewissermaßen instinktmäßig zu erkennen, und so genau man rechnet, so rücksichtslos ist man im Zusammenreißen des Alten, wenn sich durch gutes Neues Fortschritte und Rentabilität ergeben.

Es würde in England keinem Menschen einfallen, für das Trolleysystem auch nur einen Finger zu rühren, wenn man nicht große Vorteile nachweislich erzielt hätte. Liegt diese Tatsache einmal vor, dann gibt es so lange und theoretische Rentabilitätsberechnungen und Erwägungen einfach nicht, wie sie bei uns gang und gäbe sind. Was in Ipswich geht und wirtschaftliche Erträge bringt, das geht auch in Wolverhampton! Und gerade um nun unseren deutschen Behörden zu zeigen, daß in jeder Stadt mit dem Trolleybusbetriebe wirtschaftliche und verkehrstechnische Vorteile hohen Maßes zu erzielen sind, deshalb brachte ich ja die Ergebnisse verschiedener Städte mit verschiedenen Verhältnissen.

Das nächste Kapitel wird nun zeigen, wie falsch man die Sache in Deutschland aufzieht und was sie uns, richtig eingeführt, an Vorteilen aller Art leisten könnte.

VI. Die Übertragung des Trolleybusbetriebes auf deutsche Verhältnisse.

Vor mir liegt eine Druckschrift der AEG, Berlin, betitelt: „Mitteilungen für Bahnbetriebe. Der elektrische Oberleitungs-Omnibus".

Vergleicht man die in dieser Schrift angegebenen, theoretisch errechneten Zahlen mit den englischen Betriebsergebnissen, so hat man ein Musterbeispiel der schon von mir verhöhnten üblichen „Rentabilitätsberechnungen". Bei manchen Teilen der Schrift ist man versucht anzunehmen, die AEG habe Angst vor ihrer eigenen Courage bekommen und habe nur ja ihrem anderen Fabrikationszweige, der elektrischen Straßenbahn, nicht zu wehe tun wollen. So, wie das Zahlenmaterial veröffentlicht wurde, ist es wertlos. Mit den Theorien etwas beweisen, vor allem ein neues Verkehrssystem propagieren zu wollen, ist ein Unding. Wenn die AEG die Folgen überlegt, die gerade diese Druckschrift mit sich gebracht hat, dann muß sie ihre Theorien nur bedauern. Ich nenne als Folgen besonders die Aufsätze, die ein Herr Rudolf Haller, Nürnberg, in Nr. 1 Jahrgang 1930 des „Lastauto" und meiner Erinnerung nach in einem im wesentlichen genau gleichen Aufsatz in der Zeitschrift „Kraftomnibus und Lastkraftwagen" (im November 1929) veröffentlicht hat. Was Herr Haller vom Trolleybus weiß, das hat er (mit allen Tabellen) eigentlich aus der Broschüre der AEG glatt abgeschrieben. Von der wirklichen Sachlage hat er keine Ahnung und er hat, wie aus seinen Angaben hervorgeht, bisher weder einen Trolleybus gesehen, noch kennt er die englischen Verhältnisse. Hier liegt also eine Art von Schriftstellerei vor, die gar nicht scharf genug abgelehnt werden kann.

Herr Haller glaubt den Benzinomnibus gegen den Trolleybus verteidigen zu müssen, weil er gar nicht weiß, daß das moderne Trolleybus-Fahrgestell gar nichts anderes ist, als ein mit der elektrischen Einrichtung des Trolleybusses versehenes modernes Omnibusfahrgestell. Er sieht also hier in seiner Unkenntnis der Dinge einen Konkurrenten, der eigentlich nur ein Verbündeter ist. Durch den Bau von Trolleybussen wird der jetzige Omnibus-Fahrgestellbau nur gefördert und verstärkt. Das ist der eine Fehler, den Herr Haller macht.

Dazu kommt seine völlige Unkenntnis der Verkehrsverhältnisse. An sich tut man den Hallerschen Ausführungen viel zu viel Ehre an, wenn man sie im einzelnen widerlegt. Ich verzichte daher auf eine weitere Kritik um so mehr, als ich nur davor warnen wollte, irgendwie aus den Hallerschen Ausführungen Schlüsse zu machen.

Wir wollen die ganze Frage vielmehr von anderen, wirkungsvolleren und sachkundigeren Gesichtspunkten aus betrachten.

Da ist zunächst zu sagen, daß die „Renaissance der Straßenbahn", von der seit einiger Zeit soviel in Zeitungen geschrieben wird, eine schöne Theorie ist! Daß die Straßenbahn das wirtschaftlichste Verkehrsmittel nicht mehr ist (als das sie von interessierten Stellen immer noch hingestellt wird), hat sich in England klar ergeben. Wenn man da immer wieder auf Amerika hinweist, wo die Straßenbahn heute noch das Übergewicht in den Städten (aber schon nicht mehr ausschließlich) hat, so ist dazu zu bemerken, daß der Rückschluß falsch ist. Die Verhältnisse in Amerika sind ganz andere als bei uns und sind vergleichsunmöglich. Der Straßenverkehr in amerikanischen Städten wird beherrscht vom Personenauto, also dem Einzelverkehrsfahrzeug, gegen den der Omnibus nicht immer aufkommen kann. Hier spielt also die Straßenbahn die Rolle des lachenden Dritten und nichts weiter. Die Straßen nehmen einfach einen Omnibusverkehr, auch Trolleybusverkehr nicht mehr oder nicht mehr in genügendem Maße auf. Das ergibt sich schon aus den (sehr kleinen) Omnibuszahlen verschiedener amerikanischer Städte. In New York erreicht der Omnibus nur 10 % des oberirdischen Verkehrs, in Detroit 16 %, in Chicago, Philadelphia, Los Angeles und Cleveland zwischen 7 und 10 %. Wir müssen dabei aber immer bedenken, daß der unterirdische (Untergrundbahn) Verkehr erhebliche Anteile des Gesamtverkehrs schluckt, wie das auch später in Deutschland der Fall sein wird und sein muß. Den wesentlichsten Teil der in Amerika vorhandenen über 92 000 Omnibusse umfaßt der Beförderungsdienst für die Schulen auf dem flachen Lande und der Überlandverkehr.

Wir müssen also schon kontinentale Verhältnisse zum Vergleich heranziehen, und da kommt immer wieder England in Frage.

Bei der Diskussion der Frage Straßenbahn oder Benzinomnibus ist nun den Befürwortern der Straßenbahn schon ein böser Irrtum unterlaufen. Man verkündete kühn: „Der wohl auch aufgetauchte Gedanke, die Straßenbahn durch den Autobus zu ersetzen, ist als irrig erkannt worden."

Nun liegen jetzt gerade die Ergebnisse vor aus der ersten deutschen Stadt, welche den Schritt gewagt hat, die Straßenbahn vollständig stillzulegen und den öffentlichen Verkehr mit Benzinomnibussen durchzuführen, Wiesbaden. Das jetzt vorliegende Wirtschaftsergebnis über das erste Halbjahr dieser Umwandlung zeigt bereits einen Nettoüberschuß von fast 250 000 M. Dabei hat man den niedrigsten Tarif (15 Pfennig) beibehalten. Aber das von den Omnibussen befahrene Netz hat bereits 60 km Länge gegenüber nur 30 km der Straßenbahn. Diese Ausgestaltung wäre bei den hohen Kosten der Schienenanlage für die Straßenbahn ganz unmöglich gewesen. Die Theorie hat also wieder einmal unrecht gehabt. Wenn nun schon der Benzinomnibus solche Steigerungen mit sich bringt, wie würde sich erst eine Verbindung von Omnibus und Trolleybus ausgewirkt haben. Denn beide schließen sich nicht aus, sondern ergänzen sich in vielen Fällen.

Man will nun die „Renaissance der Straßenbahn" dadurch herbeiführen, daß man „moderne" Fahrzeuge baut (stärkere Motoren, Zwillingswagen mit Mitteleinstieg, Anhänger der gleichen Konstruktion, erhöhte Anfahrgeschwindigkeit, Fahrplanverbesserung, Erhöhung der Reisegeschwindigkeit um 50 % usw.) und trägt sich sogar mit dem Gedanken des Doppeldeckers, der im Straßenbahnbetriebe nichts Neues ist.

Man will also noch nicht einsehen, daß das Versagen der Straßenbahn im heutigen Verkehr ein Systemfehler ist und versucht diese Tatsache mit äußerlichen Abänderungen zu verdecken. Die Straßenbahn ist (das sei hier offen und unzweideutig ausgesprochen) nicht mehr das Verkehrsmittel der Neuzeit. Der heutige Schnellverkehr in seiner Dichte verträgt schienengebundene Straßenfahrzeuge nicht mehr. Diese gehören unter die Erde und die Straßen müssen frei von Schienen werden.

Wer heute noch nicht begriffen hat, daß die Schiene an sich nichts anderes war als eine Verbesserung der früher üblen Fahrwege, um eine Massenbeförderung mit großen Fahrzeugen auf diesen Straßen überhaupt zu ermöglichen, der hat in heutiger Zeit in Verkehrsfragen Sitz und Stimme verloren. Die Straßenbahn vegetiert nur deshalb, weil kein anderes wirksames Verkehrsfahrzeug für den öffentlichen Verkehr gegen sie in Konkurrenz gesetzt wird. Geschieht das, dann ist sie in jedem Falle verloren.

Aber selbst wenn die klare wirtschaftliche Überlegenheit von Benzinomnibus und Trolleybus über die Straßenbahn nicht vorläge, wäre trotzdem im Großstadtverkehr die Abschaffung der Straßenbahn aus anderen Gründen zu fordern.

Die Schienengebundenheit der Straßenbahn ist das größte und übelste Verkehrshindernis in unseren Großstädten, ja sogar in Mittelstädten. Da haben wir ein Fahrzeugsystem, welches für sich ein erhebliches Stück der ohnehin meist zu schmalen Straßen, meist die Mitte, beansprucht, welches alle anderen Straßenfahrzeuge zur Seite drängt und an der Entfaltung hindert. Die langen Wagenzüge der Straßenbahn sind besonders an Kreuzungen, an Kurven doppelt fühlbare Verkehrshindernisse, zumal bei der geringen Anfahr- und Kurvenfahrgeschwindigkeit. Dazu kommt aber noch ein drittes wesentliches Moment. Die fast immer in Straßenmitte geführte Straßenbahn zwingt in ihrer Schienengebundenheit ihre Fahrgäste (und diese stellen den größten Teil des Gesamtpersonenverkehrs dar) zu dauernden Fahrbahnüberschreitungen beim Ein- und Aussteigen. Einmal bringt das wieder Verkehrsschwierigkeiten mit sich (unnötige und lange Haltepausen für viele andere Fahrzeuge), hindert also den fließenden Verkehr und bedeutet obendrein anderseits eine Erhöhung der Gefahrenmomente für die Fahrgäste der Straßenbahn selbst.

Denken wir uns die Straßenbahn aus den verkehrsreichen Straßen entfernt, sie ersetzt durch ein Fahrzeugsystem ohne Schienenbindung, das sich in den heutigen Schnell- und Fließverkehr e i n s c h m i e g t wie ein Kraftfahrzeug, das seine Fahrgäste am Bürgersteig aufnimmt und absetzt, dann sind wir bereits aus einem großen Teil der heutigen Verkehrsschwierigkeiten, der Straßenverstopfung, heraus und gewinnen Platz für neue Fahrzeugmengen, die sicher zu erwarten sind.

Alle diese Gesichtspunkte würden schon a l l e i n dazu hinreichen, das Entfernen der Straßenbahn aus den Städten zu rechtfertigen, wenn nicht noch die bessere Rentabilität sich nebenbei ergeben würde.

Es kommt aber noch ein weiteres wesentliches Moment hinzu. Das sind die ewigen Reparaturen der Straßen infolge der Geleisanlagen der Straßenbahn und die fast ständigen Geleisumlegungen. Kosten und Verkehrsschwierigkeiten sind ihre Folgen. Der Straßenbahnbetrieb ist der dauernde Zerstörer eines wesentlichen Teiles der Straße (rechts und links der Schienen). Diese hohen Kosten vergißt man aber immer bei der Errechnung der Rentabilität der Straßenbahn. Sie erscheinen ja auch meist nicht im

Budget der Straßenbahn, sondern in dem des Tiefbau- oder Straßenbauamtes.

Aber man scheint weiter buddeln zu wollen, sowohl auf den Straßen wie im ohnehin mageren städtischen Geldbeutel!

Weiter haben Krieg und Kriegsfolgen die Geleisanlagen der Straßenbahnen gewaltig entwertet und reparaturbedürftig oder besser gesagt, erneuerungsbedürftig gemacht. Zur Erneuerung fehlt (dem Himmel sei Dank) oft das Geld, aber die Pfuscherei an der Geleisanlage verschlingt dauernd Unsummen. Daraus resultiert (natürlich auch in Verbindung mit Verkehrs-Richtungsänderungen usw.) die Stillegung mancher Straßenbahnen.

Gewiß sind nun, wie Wiesbaden instruktiv zeigt, mit dem Benzinomnibus große Erfolge zu erzielen. Aber gegen ihn sprechen doch mancherlei Gründe: Zuerst Wirtschaftsfragen.

Im Kriege und nach dem Kriege ist ein bedeutender Ausbau sowohl der städtischen Elektrizitätswerke, der Überlandzentralen und der Wasserkräfte zur umfassenden Stromversorgung durchgeführt worden. Zugegeben, daß hier nicht immer sachliche Momente die Triebfeder waren, daß Sozialisierungsbestrebungen, manchmal sogar persönliche Motive eine Hauptrolle spielten. Aber diese teilweise riesig ausgebauten Elektrizitätsanlagen sind nun einmal da. Man denke nur an die Summen, die zum Beispiel die Stadt Berlin in ihre Elektrizitätswirtschaft, beginnend von der Braunkohlengewinnung an, hineingesteckt hat. Man denke weiter an die großen rheinischen Anlagen, z. B. in der Kölner Gegend, an Oberbayern usw. Während im Jahre 1925 (also schon nach einer erheblichen Ausbreitung der elektrischen Stromversorgung) erst 20,3 Milliarden kWh an elektrischer Kraft in Deutschland erzeugt wurden, ist diese Zahl schon 1928 auf 27,9 Milliarden kWh angestiegen und hat sich 1929 weiter aufwärts bewegt. Diese hohen Sachwerte, welche hier festgelegt worden sind, können nicht einfach vernichtet, nicht einmal teilweise entwertet werden, indem man z. B. die Straßenbahnen stillegt und zum Benzinomnibus übergeht. Im Gegenteil! Wir, ein durch Krieg, Inflation, üble Regierungsmethoden usw. verarmtes Volk, müssen unter allen Umständen diese Werte nicht nur zu erhalten suchen, sondern müssen alles daran setzen, daß sich ihre Wirtschaftlichkeit erhöht. Der Nachtstromverbrauch vor allem muß wesentlich gehoben werden, obgleich auch der Tagstromverbrauch noch weiter gesteigert werden muß, um die Anlagen so auszunützen, daß sie rentieren. Es müssen also Verkehrsmittel in Anwendung kommen, welche den Stromverbrauch steigern. Der Benzinomnibus arbeitet fast ausschließlich mit fremdländischen Betriebsmitteln. Die Benzolerzeugung Deutschlands ist immer noch gering. Die Herstellung synthetischen Benzins ist technisch wohl durch die Kohleverflüssigung gelöst, aber das Verfahren ist so kostspielig, daß es kaum lohnend sein wird und man wird wohl eines Tages von der Kohleverflüssigung zur Arbeit aus Teeren zurückkehren. Der Weg ist aber auch nicht besonders lockend. So bleibt wohl auch hier das Ausland als Lieferant. Ganz abgesehen davon, daß die irdischen Vorräte an flüssigen Brennstoffen in nicht zu ferner Zeit erschöpft werden können, ist hier die internationale Vertrustung hinsichtlich der flüssigen Brennstoffe eine eminente Gefahr, die in Deutschland leider immer zu gering eingeschätzt wird. Wie aus meinen früheren Darlegungen hervorgeht, legt man gerade auf diese Frage in England sehr vernünftigerweise den höchsten Wert. Man will dort zu Fahrzeugarten kommen, welche unabhängig von der internationalen Wirtschaft flüssiger Brennstoffe machen, um nicht eines Tages vor dem Nichts oder vor dem fast ebenso schlimmen Preisdiktat zu stehen. Das ist die Ursache des immer noch ansteigenden Baues von Dampflastwagen in England, das ist die Ursache der Förderung des Gasogèn-systems (der Vergasung von Vegetabilien), welches ein Autotreibgas aus einheimischen Erzeugnissen als Motorenbetriebsstoff verwendet, und das allein ist die Ursache des englischen Interesses für den deutschen Fahrzeugdieselmotor. Es ist ein Irrtum, und zwar ein grober, oder eine deutsche Einbildung, daß es der deutsche Fahrzeug-Diesel als Konstruktion, als Fahrzeugtype sei, der England interessiere. Es ist der Brennstoff des Diesel und nichts anderes, der den klugen und weitblickenden Engländer allein interessiert. Und das Hochkommen des Trolleybusses ist nichts als ein Ausfluß des gleichen Gedankenganges, wie Baldwin-Webb ganz offen zugibt.

Bei uns schlagen solche Erwägungen noch nicht durch. Wir sind Phantasten, sagte ich schon einmal. Und wenn in den Zeitungen steht, was wir für Kerle sind, die aus Kohle flüssige Brennstoffe machen, dann strahlt es an allen Stammtischen und strahlt bis in die Amtsstuben hinein! Jammern und schreien — das können wir hinterher, wenn's zu spät ist! Was nützt uns die schönste Motorisierung Deutschlands, wenn wir eines Tages vor dem Brennstoffpreisdiktat stehen und eine interessierte internationale Clique uns solche Preise vorschreibt, die jeden wirtschaftlichen Autoverkehr einfach ausschließen? Außerdem müssen schon aus volkswirtschaftlichen Gründen alle Einkäufe im Auslande vermieden werden, solange man irgend in der Lage ist, an Stelle der ausländischen Produkte einheimische zu verwenden.

Deshalb müssen wir los von der einseitigen Festlegung auf flüssige Brennstoffe, die eingeführt werden müssen und müssen jede Bewegung unterstützen und fördern, die uns irgendwie in diesen Bestrebungen zur Unabhängigkeit weiterführt. Jeder deutsche Trolleybus ist wie jeder deutsche Fahrzeugdiesel ein Stück Weg zu Deutschlands Freiheit und Unabhängigkeit. Das ist der eine Grund, der gegen den Benzinbus spricht.

Fahrzeugtechnisch ist zu sagen, daß der Trolleybus das viel geeignetere Stadtfahrzeug für den öffentlichen Dienst darstellt als der Benzinomnibus. Der öffentliche Dienst erfordert ein vielmaliges Halten am Tage (in London z. B. ca. 1500—1700mal) und damit ein ebenso oftes Schalten. Mit jedem Schalten ist eine Reihe von Stößen verbunden, die sich sowohl auf die Straße als auf das Fahrzeug und damit auf seine Lebensdauer auswirken. (Deshalb ist ja auch in Amerika und auch in England der schaltungslose benzin-elektrische Omnibus in starkem Ansteigen.) Das Anfahren erfordert außer Übung viel Zeit, bis der Wagen wieder auf Tempo ist, hindert also den Schnellverkehr. Der Trolleybus arbeitet ohne Getriebeschaltung und seine Beschleunigung ist so gut, daß innerhalb 8 Sekunden das vollbesetzte Fahrzeug von 0 auf 16,5 km/Std., innerhalb 10 Sekunden auf 24 und innerhalb 15 Sekunden auf 29 km/Std. kommt. Die Höchstgeschwindigkeit liegt zwischen 40 und 50 km/Std. Dabei sind die Bremswege kurz, die Bremsen vorzüglich, vor allem die elektrische Strombremse. Es werden nur rotierende Massen beschleunigt und verzögert, hingegen beim Benzinomnibus in erheblichem Maße hin- und hergehende. Die Antriebsverhältnisse sind einfach, die Bedienung und Unterhaltung unterscheidet sich fast nicht von der von Straßenbahnwagen, weshalb ohne Umlernen das gleiche Personal aus dem Straßenbahndienst verwendet werden kann. Die Feuersicherheit ist durch den Wegfall der flüssigen Brennstoffe eine sehr hohe. Der Betrieb ist sehr sauber, ohne Auspuff, ohne Ölverluste wie bei Benzinfahrzeugen. Man denke nur an die Verpestung der Großstadtatmosphäre durch die Abgase der Benzinfahrzeuge! In Berlin liegen an schwülen Sommertagen ganze Schwaden übelriechender Abgase in der Luft. Das aus Benzinbussen abtropfende Öl ist mit eine Ursache, daß glatte städtische Straßen zur Schlittenbahn werden.

Der Fahrzeuglärm (Auspuff, Getriebe usw.) fällt gänzlich fort — ein Segen für den Nachtbetrieb. Diese Lärmverminderung wird noch unterstützt durch die Luftbereifung der Trolleybusse. Hier, bei dem stoßfrei anfahrenden Fahrzeug und der günstigen elektrischen Antriebsart hat sie auch eine Berechtigung. Der etwas höhere Kraftverbrauch der Luftbereifung spielt hier eine geringe Rolle, weil das Hauptmoment, der Kraftverbrauch beim Anfahren (wie er sich aus dem Schalten beim Benzinbus ergibt), wegfällt. Die Folge ist ein wesentlich geringerer Reifenverbrauch beim Trolleybus.

Was bedeuten kleine Nachteile, die man in geradezu krankhafter Sucht zusammensucht, gegen diese eminenten Vorzüge!

Aber der Trolleybus ist außerdem ein Pionier auf dem Wege zur Loslösung von der Großstadt und damit ein wesentlicher Faktor für die Beseitigung der Großstadtmisere an sich. Wie viele Vorortkolonien verkümmern oder werden gar nicht ausgeführt, weil die Verkehrsmöglichkeit fehlt. Auf die Straßenbahnbauten zu warten, ist bei der Finanznot und den hohen Kosten für Unterbau und Geleisanlage eine müßige Zeitvergeudung. Aber ein einfacher Trolleybusbetrieb ist schnell und billig eingerichtet. Und ist er erst da, dann bringt er Leben in die Siedelungen. Er kann sich auch Änderungen der Siedelungsrichtung, der Verkehrslage ohne weiteres billig anpassen. Und noch ein wesentliches Moment: Was nützt eine Vorortstraßenbahn, die alle ein oder zwei Stunden fährt, weil ihre großen Fahrzeuge sonst einen Betrieb nicht lohnen? Ein Verkehr alle 10—20 Minuten, oft, aber mit kleinen Fahrzeugeinheiten durchgeführt, ist hier der allein erfolgversprechende Faktor. Und hier liegt das Moment, welches immer die Verkehrssteigerungen bei Einführung des Trolleybetriebes mit sich bringt. Dazu kommen die angenehmen Fahreigenschaften, die geradezu zur Benützung des Trolleybusses anreizen und so ergibt sich fast von selbst die Rentabilität.

Hervorragend geeignet ist der Trolleybus vor allem für Mittelstädte, sogar solche, welche ihre Straßenbahn wegen Unrentabilität in der Nachkriegszeit stillegen mußten. Das geringere Anlagekapital, der obendrein beim Trolleybus um 5—6 % gegenüber

Benzinomnibussen geringere Reifenverbrauch und die längere Amortisationszeit tun dann noch das ihre.

In England, wo man durch Vorschrift im öffentlichen Dienst Benzinfahrzeuge in sieben Jahren amortisieren muß, hat man die Amortisationsdauer bei Trolleybussen auf Grund gemachter Erfahrungen auf zehn Jahre erhöht.

Dazu kommt, gerade im Vorort- und Nachbarortverkehr, die Möglichkeit eines Güterverkehrs, die leichte Angleichung an etwaige Änderungen der Verkehrsrichtungen.

Im Großstadtverkehr ergeben sich obendrein günstige Eigenschaften hinsichtlich der Anpassung der Verkehrsdichte zu gewissen Tagen und Stunden. Trolleybusse sind viel leichter in den Verkehr hinsichtlich ihrer Zahl zu variieren, als die Straßenbahn mit ihrer unbeholfenen Schienenanlage. Das Steigvermögen des Trolleybusses ist ausgezeichnet und er ist hervorragend geeignet für steile Straßen, was sich besonders auch in Krümmungen geltend macht, die in Steigungen liegen. Hier haben Benzinomnibusse, gerade bei vollbesetzten Wagen, fast stets Schwierigkeiten.

Außerdem verträgt der Trolleybus eine sehr starke Überlastung, was recht wesentlich bei plötzlichen Verkehrssteigerungen ist.

Die Aufbauten lassen sich in ihrer Größe, in der Art des Einstieges (Einmannbetrieb usw.) viel leichter den örtlichen Verhältnissen anpassen als die Straßenbahnwagen. Moderne Niederrahmenfahrgestelle ergeben niedere Einstieghöhen, niedere Schwerpunktslage des Fahrzeuges und damit hohe Verkehrssicherheit. Die vorzüglichen Fahreigenschaften moderner Dreiachs-Fahrgestelle, besonders auf schlechten Straßen, wirken sich beim Trolleybus besonders angenehm aus.

Man lese sich nun das durch, was Herr Rudolf Haller in seinem schon erwähnten Aufsatz im „Lastauto" gegen den Trolleybus einzuwenden hat. Ich schätze unsere deutschen Verkehrsfachleute zu hoch ein, als daß sie auf das kenntnislose Geschwätz auch nur einen Deut geben.

Bliebe noch der persönliche Eindruck, den die Fahrzeuge und der Betrieb als solcher machen. Ich bin in England sowohl selbst mit verschiedenen Trolleybussen als Fahrer, wie als Fahrgast gefahren. Das Fahren ist sehr schnell zu lernen und das Bedienen des Fahrzeuges ist einfach und zuverlässig. Die Fahreigenschaften für den Fahrgast sind ausgezeichnet. „Die Fahrzeuge fahren so ruhig und geräuschlos wie ein Rolls-Royce" (sagt eine englische Zeitschrift, und sie hat recht). Angenehm ist der Fortfall des Auspuffs, der sich bei Benzinbussen immer noch im Wageninnern übel bemerkbar macht. Die Wagen kommen sehr schnell auf hohe Fahrgeschwindigkeit und werden aus dieser schnell, stoß-, rutsch- und schleuderfrei auf kurze Entfernungen abgebremst. Die Wagen selbst sind sehr bequem, luftig und gut ventiliert und durch die elektrische Widerstandsheizung leicht und sehr angenehm (ohne Geruchsbelästigungen) heizbar.

Kurzum: es sind angenehme, hochmoderne Fahrzeuge, wohlgeeignet für den Verkehrsdienst, den die jetzige Zeit fordert.

Vollkommen ist keine irdische Verkehrsanlage. Aber wenn man schon zu einer Vollkommenheit nicht gelangen kann, dann ist es sicher richtig, das System zu wählen, welches dem Optimum am nächsten kommt. Ich sage nicht, daß der Trolleybus das Universalheilmittel in allen Verkehrsnöten ist. Dann wäre ich derselbe Laie wie Herr Haller, wenn auch in umgekehrtem Sinne. Aber der Trolleybus ist eine Fahrzeugart, die gerade in Deutschland die allerhöchste Beachtung verdient, die sicher aus vielen Nöten helfen kann. Selbstverständlich hat eine kluge Anpassung immer zu erfolgen. Die Ergebnisse von England erleichtern aber alle Situationen bedeutend. Vielleicht ergeben sich in manchen Fällen Kombinationen mit dem Benzinomnibus, vielfach vielleicht mit dem benzin-elektrischen Omnibus. Vorteile bringt der Trolleybus sicher überall, wo er sachgemäß angewandt wird. Doch das gilt für jedes Fahrzeug. Fahre in Treuenbrietzen mit dem 80sitzigen Büssing-Sechsradomnibus und du bist in vier Wochen pleite! Aber das sagt doch nichts gegen den Sechsradomnibus an sich!

Geradezu töricht ist die Furcht der deutschen Automobilfabriken vor dem Trolleybus als Konkurrenten. Man baue ihn und man wird ihn schätzen lernen, besonders auch als Exportfaktor. Der Trolleybus ist ein Fahrzeug der Zukunft, dessen Bau und dessen Inbetriebnahme jede Förderung verdient. Aus meinen Ausführungen über den englischen Trolleybusbetrieb hat man ersehen können, welche hohen Stückzahlen von Trolleybussen in englischen Städten laufen. Man denke aber auch an den Export! 108 Trolleybusse in ein paar Jahren allein in Singapore; das bedeutet etwas für eine Exportfabrikation! Und wenn ich nur einen Teil des englischen Exportes in Trolleybussen aufzählen wollte, so weit er mir bekannt ist, dann könnte ich mit einem

Zahlenmaterial dienen, das auch Schwerfälligen und Böswilligen die Augen öffnen würde. Ich werde demnächst einmal in einer Fachzeitschrift nur Fabrikationszahlen und Exportzahlen über Trolleybusse veröffentlichen, um auch an anderer Stelle zu zeigen, was aus der Sache zu machen ist.

Zudem ist es ganz selbstverständlich, daß in vielen Fällen ein Zusammenarbeiten oder besser gesagt, ein Ineinanderarbeiten von Trolleybussen und Benzinbus stattfinden kann und wird. Keiner erfüllt alle Anforderungen in jeder Verkehrslage, jeder ist ein Kompromiß. Aber das Zusammenarbeiten kann in vielen Fällen die Wirtschaftlichkeit bringen, die erstrebt werden muß. Zudem bleiben ja dem Benzinbus (den Stadt- und Vorortverkehr wird einmal, auch in Deutschland, der Trolleybus an sich reißen), so reiche Betätigungsmöglichkeiten, daß es geradezu kindisch wäre, hier, wo es sich um volkswirtschaftliche und verkehrstechnische Fragen allerersten Ranges handelt, kleinliche Sonderinteressen spielen zu lassen. Bleiben noch ein paar Worte über den Akkumulatoren-Omnibus zu sagen. Da hält es schwer, ernst zu bleiben, wenn man die Verfechter und ihre Theorien hört. Eigentlich alles, was uns die langen Jahre von Elektrofahrzeugen mit Akkumulatorenbetrieb gebracht haben, ist offen gesagt nichts als eine einzige große Blamage gewesen. Unbelehrbare Verfechter (deren Ansichten stets vom eigenen Geldbeutel beeinflußt worden sind) haben bei jeder neuen Type des Elektromobils prophezeit, daß das nun die Vollkommenheit in sich sei. Auf dem Papier und in der Theorie gab es einfach nichts besseres mehr. Der ganze Benzinwagenbau konnte sich jedes Mal schon von vornherein begraben lassen, wenn wieder so ein non plus ultra von Elektrofahrzeug erschien. Ich erinnere an den Hawa-Elektropersonenwagen, an die Elektrokleindroschke in Berlin. Man denke zurück an den Zeitungslärm! Was ist da für ein verhimmelnder Blödsinn zusammengeschrieben worden. Man verzeihe mir den Hohn, die scharfen Worte. Aber man kann hier einfach nicht mehr ernst und nicht mehr höflich bleiben, wenn man die ganze geschäftliche Mache sieht, die auch heute, trotz aller Mißerfolge noch nicht zur Ruhe kommen will. Wo sind die Berliner elektrischen Großdroschken, wo sind die elektrischen Kleindroschken, wo ist der Hawa-Elektrowagen, ihr Verfechter des Elektrowagens? Im Museum, im Raritätenkabinet, zusammen mit dem „elektrischen Pferd" der Firma Muchow in Berlin, die beinahe mehr Gesellschaften gründete, als „elektrische Pferde" lieferte.

Wer heute den Elektrowagen verficht (abgesehen von einigen ganz ausgesuchten Anwendungsformen bei der Post, vielleicht als Hotelwagen, für gewisse Speditionszwecke und ähnliches), der hat kein Recht, in Verkehrsfragen mitzureden. Man sehe sich vor allem einmal die Fachleute an, die noch für den Akkumulatorenwagen eintreten. Einer davon schrieb im „Jahrbuch des Reichsverbandes der Automobilindustrie“ Jahrgang 1929 den lapidaren Satz: „Durch die jahrelange Beschäftigung der Fuhrparkleiter mit dem Automobil sind sie zu erstklassigen Automobilingenieuren geworden.“ Na, jeder blamiert sich gut wie er kann. Er und zwei andere Fuhrparkdirektoren gehören zu den Unentwegten des Akkumulatorenwagens. Zu ihnen gesellt sich ein Herr Studienrat Müller, der im „Motorwagen“ einen Aufsatz schrieb, in welchem er allen Ernstes vorschlägt, die Landstraßen mit Geleisen zu versehen (Ausweichstellen werden geschaffen, Hebevorrichtungen für Unpünktliche, welche nicht rechtzeitig an den eingeleisigen Ausweichstellen eintreffen usw.), um den gesamten Verkehr auf Schienen zu bringen. Und wir anderen wollen los von der Schiene! Ja, was tut man seitens der Elektroleute nicht alles, um dem lahmen Gaul auf die Beine zu helfen. Das ist übrigens derselbe Herr Studienrat Müller, der neulich im „Lastauto“ die schöne Theorie aufstellte, die Lastwagen doppelt zu bereifen, einmal mit Luft- und daneben mit Kissenreifen. Er hat sich in der folgenden Nummer des „Lastauto“ von fachmännischer Seite gleich die richtige Antwort auf diese Theorie geholt. Nur zweierlei ist unverständlich! Einmal, wie bringen die Leute es fertig, daß solche Karnevalsideen in Fachbüchern und Fachzeitschriften gedruckt werden; und zweitens, merken die Leute vom Range eines Dipl.-Ing. P. Friedmann gar nicht, in welcher Gesellschaft sie sich befinden, wenn sie, wie Herr Friedmann, allen Ernstes, eine Einführung des Akkumulatoren-Omnibusses in Fachzeitschriften befürworten?

Schrieb doch Herr Friedmann vor zirka zwei Jahren in der „Automobil-Rundschau“ einen Aufsatz über Elektro-Omnibusse und empfahl diese als Verkehrsmittel der Zukunft für Großstädte. Und nun wollen wir nach dem Spaß ein paar ernste Worte reden.

Vor ein paar Wochen besuchte ich auf Wunsch eine Automobilfabrik, welche auch Elektrofahrzeuge baut. Man zeigte mir dort ein paar eben fertiggewordene Elektrobusse und ich fuhr dann mit ihnen. Ich kann es nicht verstehen, wie man heute solche schwerfälligen, langsamen, unelastischen Fahrzeuge in einen städtischen Verkehr nehmen kann. Das war ja eine Schneckenpost! Zudem, stoßfrei beim Anfahren und beim Schalten? Ich habe reichliche und heftige Schaltstöße gespürt!

Der heutige Verkehr, vor allem der Stadtverkehr, erfordert schnelle, schnell zu beschleunigende Fahrzeuge, setzt also Eigenschaften voraus, welche ein Akkumulatorenomnibus niemals hat, und wenn sich die „im Betriebe der städtischen Fuhrparke ausstudierten erstklassigen Automobilingenieure" selbst hinter die Konstruktionen machen! Das Moment, welches für den heutigen Schnell- und Fließverkehr in Städten, gar nicht zu reden von Großstädten, allein entscheidend ist, zu dem man den Benzinomnibus in einer langen Entwicklung jetzt endlich erzogen hat, welches aber auch der Trolleybus hat, ist die momentane Beschleunigung. Sie allein ermöglicht einen Verkehr der Neuzeit. Sie allein ist das letzte Hilfsmittel aus tausend Gefahrmöglichkeiten; denn sie ermöglicht das momentane Hindurchhuschen durch schwierige Situationen, wo der Wagen blitzschnell dem blitzschnellen Entschluß des erfahrenen Führers gehorchen muß, will man mit seinem Wagen nicht ein Verkehrhindernis und eine Gefahr werden. Und das kann kein Akkumulatorenwagen, und wenn man die Batterie so groß macht wie den Wagen selber. Und je größer man die Batterie macht, desto schwerer und unbeholfener wird der Wagen, und je schwerer der Wagen wird, je größer wird die Batterie. Eine Schraube ohne Ende! Das Verhältnis Wagengewicht zu Batteriegewicht steht unumstößlich fest. Und es ist ungünstig, man mag machen was man will. Also ist alles aussichtslos, was da an schönen Theorien entwickelt wird. Der Elektrowagen als Personenfahrzeug ist tot. Und wer ihn heute noch propagiert, der ist ein armer Laie. Ich will dabei auf die Kostenfrage für die Batterien gar nicht eingehen, trotzdem das Thema sehr interessant wäre und mir aus dem Betrieb der schweizerischen Post gerade jetzt Tatsachen zur Kenntnis gekommen sind, welche die Dinge noch viel krasser erscheinen lassen, als sie in Deutschland bekannt sind. Ich will auch nicht reden von Aktionsradius u. dergl., weil diese Schwächen des Akkumulatorenwagens ja bekannt sind.

Das von mir oben angefügte Moment genügt bereits ganz allein, mein Urteil zu begründen. Es kann Fachingenieuren, auch wenn sie Friedmann heißen, nur dringendst geraten werden, die weitere Empfehlung des Akkumulatorenwagens den „aus den Fuhrparken stammenden Fachingenieuren" und dem mit ihnen in geheimnisvollen Zusammenhängen stehenden Herrn Studienrat Müller zu überlassen.

Wirkliche Fachleute werden sich an den Benzinbus und bald, auch bei uns, an den Trolleybus halten. *Das* sind die Verkehrsmittel der Zukunft! Wir lassen die Toten ihre Toten begraben.

Wir ziehen ja alle an einem Strang und zehren alle von einem Brot: vom Fabrizieren und vom Verkauf. Deshalb müssen wir das fabrizieren, *was verkauft werden kann!* Und *verkauft* kann nur werden, was *wirtschaftlich* ist. Und über die Wirtschaftlichkeit der Trolleybusse heute noch zu streiten, ist geradezu töricht. Wir suchen ein Fahrzeug, welches die üblen Eigenschaften der Straßenbahn vermeidet, welches den heutigen Verkehrsverhältnissen besser angepaßt ist und obendrein hohe Wirtschaftlichkeit ergibt und wir haben es schon vor dem Kriege gehabt. Damals war es schwer, seine Vorzüge zu erkennen. Heute ist es unentschuldbar.

Der deutsche Ingenieur Max Schiemann, der Pionier des Trolleybusses, hat eine Lebensarbeit geleistet, als er sich für den Trolleybus einsetzte. Aber wann hat je ein deutscher Pionier Erfolg gehabt, wenn er nicht ein Verblender der Massen war.

Wir tragen einen Teil unserer Dankespflicht gegen Schiemann ab, wenn wir seine Geistesarbeit wenigstens erwägen.

Und um das zu können, deshalb war dieses Buch nötig, damit die Unkenntnis der Ergebnisse nicht mehr der Grund dafür ist, daß ein gutes und gerade für uns wichtiges Verkehrsmittel abgelehnt wird, eben weil man es nicht genau genug kannte.

Druck von Siegfried Scholem, Berlin-Schöneberg.

FSC
www.fsc.org
MIX
Papier | Fördert gute Waldnutzung
FSC® C083411

Kolibri 360 GmbH
Ferdinand-Jühlke-Straße 7
99095 Erfurt, Deutschland
produktsicherheit@kolibri360.de